工伤预防科普丛书

交通与运输工伤预防知识

“工伤预防科普丛书”编委会　编

中国劳动社会保障出版社

图书在版编目（CIP）数据

交通与运输工伤预防知识 /“工伤预防科普丛书”编委会编．-- 北京：中国劳动社会保障出版社，2021

（工伤预防科普丛书）

ISBN 978-7-5167-5138-1

Ⅰ．①交…　Ⅱ．①工…　Ⅲ．①交通运输安全 - 工伤事故 - 事故预防 - 基本知识　Ⅳ．① X951

中国版本图书馆 CIP 数据核字（2021）第 206587 号

中国劳动社会保障出版社出版发行

（北京市惠新东街 1 号　邮政编码：100029）

*

北京鑫海金澳胶印有限公司印刷装订　　新华书店经销

880 毫米 × 1230 毫米　32 开本　5.875 印张　119 千字

2021 年 11 月第 1 版　　2024 年 11 月第 5 次印刷

定价：25.00 元

营销中心电话：400-606-6496

出版社网址：http://www.class.com.cn

“工伤预防科普丛书”编委会

内容简介

交通与运输行业在国民经济中具有十分重要的作用，与人们的生活息息相关。随着科技的发展，种类繁多的交通与运输方式给人们的生活带来了许多便利，但随之而来的相关行业企业职工工伤也已成为不可忽视的问题。

本书紧扣安全生产、工伤保险等法律法规，详细介绍了交通与运输行业企业职工在生产劳动过程中应该了解的工伤预防基础知识。本书内容主要包括：工伤保险与工伤预防基础知识、权利和义务、交通与运输安全基础知识、道路交通与运输工伤预防、轨道交通与运输工伤预防、水路交通与运输工伤预防、航空交通与运输工伤预防、交通与运输职业病预防及交通与运输事故的应急处置等内容。

本书所选题目典型性、通用性强，内容编写浅显易懂，版式设计新颖活泼，漫画配图直观生动，可作为工伤预防管理部门和用人单位开展工伤预防宣传教育的参考用书，也可作为广大职工群众增强工伤预防意识、提高安全生产素质的普及性学习读物。

前言

工伤预防是工伤保险制度体系的重要组成部分。做好工伤预防工作，开展工伤预防宣传和培训，有利于增强用人单位和职工的守法维权意识，从源头减少工伤事故和职业病的发生，保障职工生命安全和身体健康，减少经济损失，促进社会和谐稳定发展。

党和政府历来高度重视工伤预防工作。2009年以来，全国共开展了三次工伤预防试点工作，为推动工伤预防工作奠定了坚实基础。2017年，人力资源社会保障部等四部门印发《工伤预防费使用管理暂行办法》，对工伤预防费的使用和管理作出了具体的规定，使工伤预防工作进入了全面推进时期。2020年，人力资源社会保障部等八部门联合印发《工伤预防五年行动计划（2021—2025年）》（以下简称《五年行动计划》）。《五年行动计划》要求以习近平新时代中国特色社会主义思想为指导，全面贯彻党的十九大和十九届二中、三中、四中、五中全会精神，坚持以人民为中心的发展思想，完善“预防、康复、补偿”三位一体制度体系，把工伤预防作为工伤保险优先事项，通过推进工伤预防工作，增强工伤预防意识，改善工作场所的劳动条件，防范重特大事故的发生，切实降低工伤发生率，促进经济社会持续健康发展。《五年行动计划》同时明确了九项工作任务，其中包括全面加强工伤预防宣传和深入推进工伤预防培训等内容。

结合目前工伤保险发展现状，立足全面加强工伤预防宣传和深入推进工伤预防培训，我们组织编写了“工伤预防科普丛书”。本套丛书目前包括《〈工伤保险条例〉理解与适用》《〈工伤预防五年行动计划（2021—2025年）〉解读》《农民工工伤预防知识》《工伤预防基础知识》《工伤预防职业病防治知识》《工伤预防个体防护知识》《工伤预防应急救护知识》《建筑施工工伤预防知识》《矿山工伤预防知识》《化工危险化学品工伤预防知识》《机械加工工伤预防知识》《尘毒高危企业工伤预防知识》《交通与运输工伤预防知识》《冶金工伤预防知识》《火灾爆炸工伤预防知识》《有限空间作业工伤预防知识》《物流快递人员工伤预防知识》《网约工工伤预防知识》《公务员和事业单位人员工伤预防知识》《工伤事故典型案例》等分册。本套丛书图文并茂、生动活泼，力求以简洁、通俗易懂的文字普及工伤预防最新政策和科学技术知识，不断提升各行业职工群众的工伤预防意识和自我保护意识。

本套丛书在编写过程中，参阅并部分应用了相关资料与著作，在此对有关著作者和专家表示感谢。由于种种原因，图书可能会存在不当或错误之处，敬请广大读者不吝赐教，以便及时纠正。

“工伤预防科普丛书”编委会

2021年6月

目　录

第1章 工伤保险与工伤预防基础知识

1. 什么是工伤保险?

工伤保险是社会保险的一个重要组成部分，它通过社会统筹建立工伤保险基金，对保险范围内的职工在生产经营活动中或在规定的某些情况下遭受意外伤害、职业病以及因这两种情况造成职工死亡，或暂时或永久丧失劳动能力时，职工或其近亲属能够从国家、社会得到必要的物质补偿，以保证职工或其近亲属的基本生活，以及为受工伤的职工提供必要的医疗救治和康复服务。工伤保险保障了工伤职工的合法权益，有利于妥善处理事故和恢复生产，维护正常的生产、生活秩序，维护社会安定。

工伤保险有四大基本特点：一是强制性。国家通过立法强制一定范围内的用人单位、职工必须参加工伤保险。二是非营利性。

工伤保险是国家对职工履行的社会责任，也是职工应该享受的基本权利。国家施行工伤保险制度，目的是保障职工的安全健康，因此国家提供的所有与工伤保险有关的服务，均不以营利为目的。三是保障性。工伤保险保障职工在发生工伤事故后，对职工或其近亲属发放工伤保险待遇，保障其生活。四是互助互济性。依法强制征收保险费，建立工伤保险基金，由社会保险行政部门在人员之间、地区之间、行业之间调剂使用。

法律提示

2003 年 4 月 27 日《工伤保险条例》以国务院令第 375 号公布，2004 年 1 月 1 日生效实施。2010 年 12 月 8 日，《国务院关于修改〈工伤保险条例〉的决定》由国务院令第 586 号公布，自 2011 年 1 月 1 日起施行。

现行《工伤保险条例》分 8 章 67 条，各章内容如下：第一章总则，第二章工伤保险基金，第三章工伤认定，第四章劳动能力鉴定，第五章工伤保险待遇，第六章监督管理，第七章法律责任，第八章附则。

2. 我国工伤保险制度的适用范围是什么？

《工伤保险条例》规定，中华人民共和国境内的企业、事业单位、社会团体、民办非企业单位、基金会、律师事务所、会计师事务所等组织和有雇工的个体工商户（统称为用人单位）应当依照该条例规定参加工伤保险，为本单位全部职工或者雇工（统称为职工）缴纳工伤保险费。中华人民共和国境内的企业、事业单位、社会团体、民办非企业单位、基金会、律师事务所、会计师

事务所等组织的职工和个体工商户的雇工，均有依照该条例的规定享受工伤保险待遇的权利。

《工伤保险条例》所规定的“企业”，包括在中国境内的所有形式的企业：按照所有制划分，有国有企业、集体所有制企业、私营企业、外资企业；按照所在地域划分，有城镇企业、乡镇企业；按照企业的组织结构划分，有公司、合伙企业、个人独资企业、股份制企业等。

3. 为什么工伤保险费由用人单位或雇主缴纳?

工伤保险费是由用人单位或雇主按国家规定的费率缴纳的，职工个人不缴纳任何费用，这是工伤保险与基本养老保险、基本医疗保险等其他社会保险项目的不同之处。个人不缴纳工伤保险费，体现了工伤保险的严格雇主责任。

随着经济、社会的发展，世界各国已达成共识，认为职工在为用人单位创造财富、为社会做出贡献的同时，还冒着付出健康和鲜血的代价。因此，由用人单位缴纳保险费是完全必要和合理的。我国《工伤保险条例》规定，用人单位应当按时缴纳工伤保险费，职工个人不缴纳工伤保险费。用人单位缴纳工伤保险费的数额为本单位职工工资总额乘以单位缴费费率之积。对难以按照工资总额缴纳工伤保险费的行业，其缴纳工伤保险费的具体方式，由国务院社会保险行政部门规定。

4. 什么情形可以认定为工伤和不得认定为工伤?

《工伤保险条例》对工伤认定的情形作出了明确规定。

（1）应当认定为工伤的情形

职工有下列情形之一的，应当认定为工伤：

1）在工作时间和工作场所内，因工作原因受到事故伤害的。

2）工作时间前后在工作场所内，从事与工作有关的预备性或者收尾性工作受到事故伤害的。

3）在工作时间和工作场所内，因履行工作职责受到暴力等意外伤害的。

4）患职业病的。

5）因工外出期间，由于工作原因受到伤害或者发生事故下落不明的。

6）在上下班途中，受到非本人主要责任的交通事故或者城市轨道交通、客运轮渡、火车事故伤害的。

7）法律、行政法规规定应当认定为工伤的其他情形。

（2）视同工伤的情形

职工有下列情形之一的，视同工伤：

1）在工作时间和工作岗位，突发疾病死亡或者在 48 小时之内经抢救无效死亡的。

2）在抢险救灾等维护国家利益、公共利益活动中受到伤害的。

3）职工原在军队服役，因战、因公负伤致残，已取得革命伤残军人证，到用人单位后旧伤复发的。

职工有上述第1）项、第2）项情形的，按照《工伤保险条例》有关规定享受工伤保险待遇；职工有上述第3）项情形的，按照《工伤保险条例》的有关规定享受除一次性伤残补助金以外的工伤保险待遇。

（3）不得认定为工伤的情形

职工符合前述规定，但是有下列情形之一的，不得认定为工伤或者视同工伤：

1）故意犯罪的。

2）醉酒或者吸毒的。

3）自残或者自杀的。

相关链接

田某在某市铸造厂从事铸造工作。某日，车间主任派他到该厂另外一车间拿工具。在返回工作岗位途中，田某被该厂建筑工地坠落的砖块砸伤头部，当即被送往医院救治，后被诊断为脑挫裂伤。出院后，田某向单位申请工伤保险待遇，但是单位认为他不是在本职岗位受伤，因此不能享受工伤保险待遇。田某遂向当地社会保险行政部门投诉，要求认定其为工伤。

当地社会保险行政部门经调查后认为：虽然田某的致伤地点不是本职岗位，但他是受领导（车间主任）指派离开本职岗位到另一车间拿工具的，故其受伤地点应属于工作场所。这一事故具有一般工伤事故应具备的“三工”要素，即在工

作时间、工作地点，因工作原因而受伤。因此，当地社会保险行政部门认定田某为工伤，并责成单位按规定给予田某相应的工伤保险待遇。

5. 申请工伤认定的主要流程有哪些？

（1）发生工伤。职工发生工伤事故，或被诊断为职业病。

（2）提出工伤认定申请。职工所在单位应当自职工事故伤害发生之日或者职工被诊断、鉴定为职业病之日起 30 日内，向统筹地区社会保险行政部门提出工伤认定申请。

用人单位未按规定提出工伤认定申请的，工伤职工或者其近亲属、工会组织在事故伤害发生之日或者被诊断、鉴定为职业病之日起 1 年内，可以直接向用人单位所在地统筹地区社会保险行政部门提出工伤认定申请。

（3）备齐申请材料。认定工伤的申请材料包括：①工伤认定申请表；②与用人单位存在劳动关系（包括事实劳动关系）的证明材料；③医疗诊断证明或者职业病诊断证明书（或者职业病诊断鉴定书）。

工伤认定申请表应当包括事故发生的时间、地点、原因以及职工伤害程度等基本情况。

（4）社会保险行政部门受理。申请材料完整，属于社会保险行政部门管辖范围且在受理时效内的，社会保险行政部门应当受理。申请材料不完整的，社会保险行政部门应当一次性书面告知工伤认定申请人需要补正的全部材料。

（5）作出工伤认定。社会保险行政部门应当自受理工伤认定申请之日起60日内作出工伤认定的决定，并书面通知申请工伤认定的职工或者其近亲属和该职工所在单位。

6. 申请劳动能力鉴定的主要流程有哪些？

（1）职工伤情基本稳定，进行劳动能力鉴定。职工发生工伤，经治疗伤情相对稳定后存在残疾、影响劳动能力的，应当进行劳动能力鉴定。

（2）备齐材料，提出申请。劳动能力鉴定由用人单位、工伤职工或者其近亲属向设区的市级劳动能力鉴定委员会提出申请，并提供工伤认定决定和职工工伤医疗的有关资料。

（3）接受申请，作出鉴定结论。设区的市级劳动能力鉴定委员会应当自收到劳动能力鉴定申请之日起 60 日内作出劳动能力鉴定结论，必要时，作出劳动能力鉴定结论的期限可以延长 30 日。劳动能力鉴定结论应当及时送达申请鉴定的单位和个人。

（4）存在异议，可向上级部门提出再次鉴定申请。申请鉴定的单位或者个人对设区的市级劳动能力鉴定委员会作出的鉴定结论不服的，可以在收到该鉴定结论之日起 15 日内向省、自治区、直辖市劳动能力鉴定委员会提出再次鉴定申请。省、自治区、直辖市劳动能力鉴定委员会作出的劳动能力鉴定结论为最终结论。

（5）伤残情况发生变化，可申请劳动能力复查鉴定。自劳动能力鉴定结论作出之日起 1 年后，工伤职工或者其近亲属、所在单位或者经办机构认为伤残情况发生变化的，可以申请劳动能力复查鉴定。

7. 工伤保险待遇主要包括哪些？

《工伤保险条例》中规定的工伤保险待遇主要如下：

（1）工伤医疗及康复待遇。此项待遇包括工伤治疗及相关补助待遇、工伤康复待遇、辅助器具的安装配置待遇等。

（2）停工留薪期待遇。职工因工作遭受事故伤害或者患职业病需要暂停工作接受工伤医疗的，在停工留薪期内，原工资福利待遇不变，由所在单位按月支付。停工留薪期一般不超过 12 个月。伤情严重或者情况特殊，经设区的市级劳动能力鉴定委员会确认，可以适当延长，但延长不得超过 12 个月。生活不能自理的工伤职工在停工留薪期需要护理的，由所在单位负责。

（3）伤残待遇。根据工伤发生后劳动能力鉴定确定的劳动功能障碍程度和生活自理障碍程度的等级不同，工伤职工可享受相应的一次性伤残补助金、伤残津贴及生活护理费等。

（4）工亡待遇。职工因工死亡，其近亲属按照规定从工伤保险基金领取丧葬补助金、供养亲属抚恤金和一次性工亡补助金。

8. 为什么要做好工伤预防？

工伤预防是建立健全工伤预防、工伤补偿和工伤康复“三位一体”工伤保险制度的重要内容，是指事先防范职业伤亡事故以及职业病的发生，减少职业伤亡事故及职业病隐患，改善和创造有利于健康、安全的生产环境和工作条件，保护职工在生产、工作环境中的安全和健康。工伤预防的措施主要包括工程技术措施、教育措施和管理措施。

职工在劳动保护和工伤保险方面的权利与义务是基本一致的。在劳动关系中，获得劳动保护是职工的基本权利，工伤保险又是其劳动保护权利的延续。职工有权获得保障其安全和健康的劳动条件，同时也有义务严格遵守安全操作规程，遵章守纪，预防职业伤害的发生。

当前国际上，现代工伤保险制度已经把事故预防放在优先位置。我国的《工伤保险条例》也把工伤预防定为工伤保险三大任务之一，从而逐步改变了过去重补偿、轻预防的模式。因此，那种“工伤有保险，出事有人赔，只管干活挣钱”的说法，显然是错误的。工伤赔偿是发生职业伤害后的救助措施，不能挽回失去的生命和复原残疾的身体。职工只有加强安全生产，才能保障自身的安全；只有做好工伤预防，才能保障自身的健康。生命安全和身体健康才是职工的最大利益。用人单位和职工要永远共同坚持“安全第一、预防为主、综合治理”的方针。

9. 为什么要安全生产?

安全生产是党和国家在生产建设中一贯的指导思想和重要方针，是全面落实习近平新时代中国特色社会主义思想，构建社会主义和谐社会的必然要求。

安全生产的根本目的是保障职工在生产过程中的安全和健康。安全生产是安全与生产的统一，安全促进生产，生产必须安全，没有安全就无法正常进行生产。搞好安全生产工作，改善劳动条

件，减少职工伤亡与财产损失，不仅可以增加企业效益，促进企业健康发展，而且还可以促进社会和谐，保障经济建设安全进行。

《中华人民共和国安全生产法》（以下简称《安全生产法》）是我国安全生产的专门法律、基本法律，是我国职业安全法律体系的核心，自 2002 年 11 月 1 日起实施。《安全生产法》明确规定安全生产应当以人为本，坚持人民至上、生命至上，把保护人民生命安全摆在首位，树牢安全发展理念，坚持“安全第一、预防为主、综合治理”的方针。强化和落实企业主体责任与政府监管责任，建立企业负责、职工参与、政府监管、行业自律和社会监督的工作机制。这是党和国家对安全生产工作的总体要求，企业和职工在劳动生产过程中必须严格遵循这一基本方针。

“安全第一”说明和强调了安全的重要性。人的生命是至高无上的，每个人的生命只有一次，要珍惜生命、爱护生命、保护生命。事故意味着对生命的摧残与毁灭，因此，在生产活动中，应把保护人民生命安全摆在首位，坚持最优先考虑人的生命安全。“预防为主”是指安全工作的重点应放在预防事故的发生上，按照系统工程理论，根据事故发展的规律和特点，预防事故发生。安全工作应当做在生产活动之前，事先就充分考虑事故发生的可能性，并自始至终采取有效措施以防止和减少事故。“综合治理”是指要自觉遵循安全生产规律，抓住安全生产工作中的主要矛盾和关键环节。要标本兼治，重在治本，采取各种管理手段预防事故发生。实现治标的同时，研究治本的方法。综合运用科技、经济、法律、行政等手段，并充分发挥社会、职工、舆论的监督作用，从各个方面着手解决影响安全生产的深层次问题，做到思想上、制度上、技术上、监督检查上、事故处理上和应急救援上的综合管理。

法律提示

《中华人民共和国宪法》第四十二条第一款、第二款规定，中华人民共和国公民有劳动的权利和义务。国家通过各种途径，创造劳动就业条件，加强劳动保护，改善劳动条件，并在发展生产的基础上，提高劳动报酬和福利待遇。

10. 做好工伤预防，要注意杜绝哪些不安全行为？

一般来说，凡是能够或可能导致事故发生的人为失误均属于不安全行为。《企业职工伤亡事故分类》（GB 6441—1986）中规定的 13 大类不安全行为如下：

（1）未经许可开动、关停、移动机器；开动、关停机器时未给信号；开关未锁紧，造成意外转动、通电或泄漏等；忘记关闭设备；忽视警告标志、警告信号；操作错误（指按钮、阀门、扳手、把柄等的操作）；奔跑作业；供料或送料速度过快；机械超速运转；违章驾驶机动车；酒后作业；客货混载；冲压机作业时，手伸进冲压模；工件紧固不牢；用压缩空气吹铁屑等。

（2）拆除安全装置，安全装置堵塞，调整错误造成安全装置失效。

（3）临时使用不牢固的设施或无安全装置的设备等。

（4）用手代替工具操作；用手清除切屑；不用夹具固定，用手拿工件进行机加工。

（5）成品、半成品、材料、工具、切屑和生产用品等存放不当。

（6）冒险进入危险场所。

（7）攀、坐不安全位置（如平台护栏、汽车挡板、吊车吊钩）。

（8）在起吊物下作业、停留。

（9）机器运转时进行加油、修理、检查、调整、焊接、清扫等工作。

（10）分散注意力的行为。

（11）在必须使用劳动防护用品用具的作业或场合中，忽视其使用。

（12）在有旋转零部件的设备旁作业穿肥大服装，操纵带有旋转零部件的设备时戴手套等。

（13）对易燃、易爆等危险物品处理错误。

血的教训

某日，某矿生产一班给矿皮带工张某、和某两人打扫4号给矿皮带附近的场地，清理积矿。当张某清扫完非人行道上的积矿后，准备到人行道上帮助和某清扫。当时，张某拿着1.7米长的铁铲，为图方便抄近路，他违章从4号给矿皮带与5号给矿皮带之间穿越（当时，4号给矿皮带正以2米/秒的速度运行，5号给矿皮带已停运）。张某手里拿的铁铲触及运行中的4号给矿皮带的增紧轮，铁铲和人一起被卷到了皮带增紧轮上，铁铲的木柄被折成两段弹了出去，张某的头部顶在增紧轮外的支架上。在高速运转的皮带挤压下，张某头骨破裂，当场死亡。

这起事故的直接原因是张某安全意识淡薄，自我保护意识极差，严重违反了给矿皮带工安全操作规程中关于“严禁穿越皮带”的规定。事后据调查，张某曾多次违章穿越皮带，属习惯性违章。正是他的违章行为，导致了这起伤亡事故的发生。

这起事故给人们的教训是，用人单位应设置有效的安全防护设施，提高设备的本质安全水平。同时，对职工要加强教育，增强其安全意识，杜绝不安全行为。

11. 做好工伤预防，要注意避免出现哪些不安全心理？

根据大量的工伤事故案例分析，导致职工发生职业伤害最常见的不安全心理状态主要有以下几种：

（1）自我表现心理——“虽然我进厂时间短，但我年轻、聪明，干这活儿不在话下……”。

（2）经验心理——“多少年一直是这样干的，干了多少遍了，能有什么问题……”。

（3）侥幸心理——“完全照操作规程做太麻烦了，变通一下也不一定会出事吧……”。

（4）从众心理——“他们都没戴安全帽，我也不戴了……”。

（5）逆反心理——“凭什么听班长的呀，今儿就这么干，我就不信会出事……”。

（6）反常心理——“早晨孩子肚子疼，自己去了医院，也不知道是什么病，真担心……”。

血的教训

某日，某机械厂切割机操作工王某，在巡视纵向切割机时发现刀锯与板坯摩擦，有冒烟和燃烧迹象，如不及时处理有可能引起火灾。王某当即停掉风机和切割机去排除故障，但没有关闭皮带机电源，皮带机仍然处于运转中。当王某伸手去掏燃着的纤维板屑时，袖口连同右臂突然被皮带机齿轮绞住，直到工友听到王某的呼救声才关闭了皮带机电源。这起事故造成王某右臂伤残。这起事故的发生与王某存在侥幸麻痹心理有直接的关系。王某以前多次不关闭皮带机电源就去排除故障，侥幸未造成事故，因而麻痹大意，由此逐渐形成习惯性违章行为并最终导致惨剧发生。

第2章 权利和义务

12. 职工工伤保险和工伤预防的权利主要体现在哪些方面?

职工工伤保险和工伤预防的权利主要体现在以下几个方面:

(1)有权获得劳动安全卫生的教育和培训,了解所从事的工作可能对身体健康造成的危害和可能发生的不安全事故。

(2)有权获得保障自身安全健康的劳动条件和劳动防护用品。

(3)有权对用人单位管理人员违章指挥、强令冒险作业予以拒绝。

(4)有权对危害生命安全和身体健康的行为提出批评、检举和控告。

(5)从事职业危害作业的职工有权获得定期健康检查。

（6）发生工伤时，有权及时得到抢救治疗。

（7）发生工伤后，职工或其近亲属有权向当地社会保险行政部门申请工伤认定和享受工伤保险待遇。

（8）工伤职工有权依法享受有关工伤保险待遇。

（9）工伤职工发生伤残，有权提出劳动能力鉴定申请和再次鉴定申请。自劳动能力鉴定结论作出之日起一年后，工伤职工或其近亲属认为伤残情况发生变化的，可以申请劳动能力复查鉴定。

（10）因工致残尚有工作能力的职工，在就业方面应得到特殊保护。依照法律，用人单位对因工致残的职工不得解除劳动合同，并应根据不同情况安排适当工作。在建立和发展工伤康复事业的情况下，工伤职工应当得到职业康复培训和再就业帮助。

（11）职工与用人单位发生工伤待遇方面的争议，按照处理劳动争议的有关规定处理；职工对工伤认定结论不服或对经办机构核定的工伤保险待遇有异议的，可以依法申请行政复议，也可以依法向人民法院提起行政诉讼。

13. 什么是安全生产的知情权和建议权?

在生产劳动过程中，往往存在着一些危害职工安全和健康的因素。职工有权了解其作业场所和工作岗位与安全生产有关的情况：一是存在的危险因素，二是危险因素的防范措施，三是事故应急措施。职工对于安全生产的知情权，是保护其生命健康权的重要前提。如果职工知道并且掌握有关安全生产的知识和处理办法，就可以消除许多不安全因素和事故隐患，避免或者减少事故的发生。

同时，职工对本单位的安全生产工作有建议权。安全生产工作涉及职工的生命安全和身体健康，因此职工有权参与用人单位的民主管理。这样的民主管理可充分调动职工安全生产的积极性与主动性，为本单位的安全生产工作献计献策、提出意见与建议。

14. 什么是安全生产的批评、检举、控告权?

这里的批评权，是指职工对本单位安全生产工作中存在的问题提出批评的权利。这一权利规定有利于职工对用人单位的生产经营进行群众监督，促使用人单位不断改进本单位的安全生产工作。

这里的检举权、控告权，是指职工对用人单位及有关人员违反安全生产法律法规的行为，有向主管部门和司法机关进行检举和控告的权利。检举可以署名，也可以不署名；可以用书面形式，也可以用口头形式。但是，职工在行使这一权利时，应注意检举和控告的情况必须真实，要实事求是。此外，法律明令禁止对检举和控告者进行打击报复。

15. 女职工依法享有哪些特殊劳动保护权利?

女职工的身体结构和生理特点决定其应受到特殊劳动保护。女职工的体力一般比男职工差，特别是女职工在“五期”（经期、孕期、产期、哺乳期、围绝经期）有特殊的生理变化，所以女职工对工业生产过程中的有毒有害因素一般比男职工更敏感。另外，高噪声、剧烈振动、放射性物质等都会对女性生殖机能和身体产生有害影响。因此，要做好和加强女职工的特殊劳动保护工作，避免和减少生产劳动过程给女职工带来危害。

《女职工劳动保护特别规定》经 2012 年 4 月 18 日国务院第 200 次常务会议通过，由国务院令第 619 号公布施行。该规定对女职工的特殊劳动保护作出以下要求：

（1）用人单位应当加强女职工劳动保护，采取措施改善女职工劳动安全卫生条件，对女职工进行劳动安全卫生知识培训。

（2）用人单位应当遵守女职工禁忌从事的劳动范围的规定。用人单位应当将本单位属于女职工禁忌从事的劳动范围的岗位书面告知女职工。

（3）用人单位不得因女职工怀孕、生育、哺乳降低其工资、予以辞退、与其解除劳动或者聘用合同。

（4）女职工在孕期不能适应原劳动的，用人单位应当根据医疗机构的证明，予以减轻劳动量或者安排其他能够适应的劳动。对怀孕 7 个月以上的女职工，用人单位不得延长劳动时间或者安排夜班劳动，并应当在劳动时间内安排一定的休息时间。怀孕女职工在劳动时间内进行产前检查，所需时间计入劳动时间。

（5）女职工生育享受 98 天产假，其中产前可以休假 15 天；难产的，增加产假 15 天；生育多胞胎的，每多生育 1 个婴儿，增加产假 15 天。女职工怀孕未满 4 个月流产的，享受 15 天产假；怀孕满 4 个月流产的，享受 42 天产假。

（6）女职工产假期间的生育津贴：对已经参加生育保险的，按照用人单位上年度职工月平均工资的标准由生育保险基金支付；

对未参加生育保险的，按照女职工产假前工资的标准由用人单位支付。女职工生育或者流产的医疗费用，按照生育保险规定的项目和标准，对已经参加生育保险的，由生育保险基金支付；对未参加生育保险的，由用人单位支付。

（7）对哺乳未满 1 周岁婴儿的女职工，用人单位不得延长劳动时间或者安排夜班劳动。用人单位应当在每天的劳动时间内为哺乳期女职工安排 1 小时哺乳时间；女职工生育多胞胎的，每多哺乳 1 个婴儿每天增加 1 小时哺乳时间。

（8）女职工比较多的用人单位应当根据女职工的需要，建立女职工卫生室、孕妇休息室、哺乳室等设施，妥善解决女职工在生理卫生、哺乳方面的困难。

（9）在劳动场所，用人单位应当预防和制止对女职工的性骚扰。

（10）用人单位违反有关规定，侵害女职工合法权益的，女职工可以依法投诉、举报、申诉，依法向劳动人事争议调解仲裁机构申请调解仲裁，对仲裁裁决不服的，可以依法向人民法院提起诉讼。

法律提示

（1）女职工禁忌从事的劳动范围

1）矿山井下作业。

2）体力劳动强度分级标准中规定的第四级体力劳动强度的作业。

3）每小时负重 6 次以上、每次负重超过 20 千克的作业，或者间断负重、每次负重超过 25 千克的作业。

（2）女职工在经期禁忌从事的劳动范围

1）冷水作业分级标准中规定的第二级、第三级、第四级冷水作业。

2）低温作业分级标准中规定的第二级、第三级、第四级低温作业。

3）体力劳动强度分级标准中规定的第三级、第四级体力劳动强度的作业。

4）高处作业分级标准中规定的第三级、第四级高处作业。

（3）女职工在孕期禁忌从事的劳动范围

1）作业场所空气中铅及其化合物、汞及其化合物、苯、镉、铍、砷、氰化物、氮氧化物、一氧化碳、二硫化碳、氯、己内酰胺、氯丁二烯、氯乙烯、环氧乙烷、苯胺、甲醛等有毒物质浓度超过国家职业卫生标准的作业。

2）从事抗癌药物、己烯雌酚生产，接触麻醉剂气体等的作业。

3）非密封源放射性物质的操作，核事故与放射事故的应急处置。

4）高处作业分级标准中规定的高处作业。

5）冷水作业分级标准中规定的冷水作业。

6）低温作业分级标准中规定的低温作业。

7）高温作业分级标准中规定的第三级、第四级的作业。

8）噪声作业分级标准中规定的第三级、第四级的作业。

9）体力劳动强度分级标准中规定的第三级、第四级体力劳动强度的作业。

10）在密闭空间、高压室作业或者潜水作业，伴有强烈振动的作业，或者需要频繁弯腰、攀高、下蹲的作业。

（4）女职工在哺乳期禁忌从事的劳动范围

1）孕期禁忌从事的劳动范围的第1）项、第3）项、第9）项。

2）作业场所空气中锰、氟、溴、甲醇、有机磷化合物、有机氯化合物等有毒物质浓度超过国家职业卫生标准的作业。

16. 为什么未成年工享有特殊劳动保护权利?

未成年工依法享有特殊劳动保护的权利，是针对未成年工处于生长发育期的特点所采取的特殊劳动保护措施。

未成年工处于生长发育期，身体机能尚未健全，也缺乏生产知识和生产技能，过重及过度紧张的劳动、不良的工作环境、不适的劳动工种或劳动岗位，都会对他们产生不利影响，如果劳动过程中不进行特殊保护就会损害他们的身体健康。

例如，未成年女工长期从事负重作业和立位作业，可影响骨盆正常发育，导致其成年后生育难产发病率增高；未成年工对生产性毒物敏感性较高，长期从事有毒有害作业易引起职业中毒，影响其生长发育。

法律提示

《中华人民共和国劳动法》第五十八条第二款规定，未成年工是指年满十六周岁未满十八周岁的劳动者。

第六十四条规定，不得安排未成年工从事矿山井下、有毒有害、国家规定的第四级体力劳动强度的劳动和其他禁忌从事的劳动。

第六十五条规定，用人单位应当对未成年工定期进行健康检查。

关于未成年工其他特殊劳动保护政策和未成年工禁忌作业范围的规定，可查阅《中华人民共和国未成年人保护法》《未成年工特殊保护规定》等。

17. 签订劳动合同时应注意哪些事项?

职工在上岗前应和用人单位依法签订劳动合同，建立明确的劳动关系，确定双方的权利和义务。关于劳动保护和安全生产，在签订劳动合同时应注意两方面的问题：第一，在合同中要载明保障职工劳动安全、防止职业危害的事项；第二，在合同中要载明依法为职工办理工伤保险的事项。

遇有以下合同不要签：

（1）“生死合同”。在危险性较高的行业，用人单位往往在合同中写上一些逃避责任的条款，如“发生伤亡事故，单位概不负责”等。

（2）“暗箱合同”。这类合同隐瞒工作过程中的职业危害，或者采取欺骗手段剥夺职工的工伤预防合法权利。

（3）“霸王合同”。有的用人单位与职工签订劳动合同时，只

强调自身的利益，无视职工依法享有的权益，不允许职工提出意见，甚至规定“本合同条款由用人单位解释”等。

（4）“卖身合同”。这类合同要求职工无条件听从用人单位安排，用人单位可以任意安排加班加点、强迫劳动，使职工完全失去人身自由。

（5）“双面合同”。一些用人单位在与职工签订合同时准备了两份合同，一份合同用来应付有关部门的检查，一份用来约束职工。

法律提示

《安全生产法》规定，生产经营单位与从业人员订立的劳动合同，应当载明有关保障从业人员劳动安全、防止职业危害的事项，以及依法为从业人员办理工伤保险的事项。生产经营单位不得以任何形式与从业人员订立协议，免除或者减轻其对从业人员因生产安全事故伤亡依法应承担的责任。

18. 职工工伤保险和工伤预防的义务主要有哪些？

权利与义务是对等的，有相应的权利，就有相应的义务。职工在工伤保险和工伤预防方面的义务主要如下：

（1）职工有义务遵守劳动纪律和用人单位的规章制度，做好本职工作和被临时指定的工作，服从本单位负责人的工作安排和指挥。

（2）职工在劳动过程中必须严格遵守安全操作规程，正确使用劳动防护用品，接受劳动安全卫生教育和培训，配合用人单位积极预防事故和职业病。

（3）职工或其近亲属报告工伤和申请工伤保险待遇时，有义务如实反映发生事故和职业病的有关情况及工资收入、家庭有关情况；当有关部门调查取证时，应当给予配合。

（4）除紧急情况外，发生工伤的职工应当到工伤保险签订服务协议的医疗机构进行治疗，对于治疗、康复、评残要接受有关机构的安排，并给予配合。

19. 职工为何必须遵章守制与服从管理？

安全生产规章制度、安全操作规程是生产经营单位管理规章制度的重要组成部分。

根据《安全生产法》及其他有关法律、法规和规章的规定，生产经营单位必须制定本单位安全生产的规章制度和操作规程。职工必须严格依照这些规章制度和操作规程进行生产经营作业。单位的负责人和管理人员有权依照规章制度和操作规程进行安全管理，监督检查职工遵章守制的情况。依照法律规定，生产经营单位的职工不服从管理，违反安全生产规章制度和操作规程的，由生产经营单位给予批评教育，依照有关规章制度给予处分；造成重大事故，构成犯罪的，依照刑法有关规定追究其刑事责任。

20. 为什么职工必须按规定佩戴和使用劳动防护用品？

职工在劳动生产过程中应履行按规定佩戴和使用劳动防护用

品的义务。

按照法律法规的规定，为保障人身安全，用人单位必须为职工提供必要的、安全的劳动防护用品，以避免或者减轻作业中的人身伤害。但在实践中，一些职工缺乏安全知识，心存侥幸或嫌麻烦，往往不按规定佩戴和使用劳动防护用品，由此引发的人身伤害事故时有发生。另外，有的职工由于不会或者没有正确使用劳动防护用品，同样也难以避免受到人身伤害。因此，正确佩戴和使用劳动防护用品是职工必须履行的法定义务，这是保障职工人身安全和用人单位安全生产的需要。

血的教训

某日下午，某水泥厂包装工在进行倒料作业。包装工王某因脚穿拖鞋，行动不便，重心不稳，左脚踩进螺旋输送机上部 10 厘米宽的缝隙内，正在运行的机器将其脚和腿绞了进去。王某大声呼救，其他人员见状立即停车并反转盘车，才将王某的脚和腿退出。尽管王某被迅速送到医院救治，仍造成左腿高位截肢。

造成这起事故的直接原因是王某未按规定穿工作鞋，而是穿着拖鞋，在凹凸不平的机器上行走，失足踩进机器缝隙。这起事故说明，上班时间职工必须按规定佩戴和使用劳动防护用品，绝不允许穿着拖鞋上岗操作。一旦发现这种违章行为，班组长以及其他职工应该及时纠正。

21. 为什么职工应当接受安全教育和培训?

不同企业、不同工作岗位和不同的生产设施设备具有不同的安全技术特性和要求。随着高新技术装备的大量使用，企业对职工安全素质的要求越来越高。职工安全意识和安全技能的高低，直接关系企业生产活动的安全可靠性。职工需要具有系统的安全知识、熟练的安全生产技能，以及对不安全因素和事故隐患、突发事故的预防、处理能力。要适应企业生产活动的需要，职工必须接受专门的安全教育和业务培训，不断提高自身的安全生产技术知识和能力。

22. 发现事故隐患应该怎么办?

职工往往属于事故隐患和不安全因素的第一当事人。许多生产安全事故正是由于职工在作业现场发现事故隐患和不安全因素后，没有及时报告，以致延误了采取措施进行紧急处理的时机，最终酿成惨剧。相反，如果职工尽职尽责，及时发现并报告事故隐患和不安全因素，使之得到及时、有效的处理，就完全可以避免事故的发生和降低事故造成的损失。所以，发现事故隐患并及时报告是贯彻“安全第一、预防为主、综合治理”方针，加强事前防范的重要措施。

第3章 交通与运输安全基础知识

23. 道路交通事故等级如何划分？

道路交通事故可分为轻微事故、一般事故、重大事故和特大事故四个等级。

（1）轻微事故：一次造成轻伤1至2人，或者财产损失机动车事故不足1 000元，非机动车事故不足200元的事故。

（2）一般事故：一次造成重伤1至2人，或者轻伤3人以上，或者财产损失不足3万元的事故。

（3）重大事故：一次造成死亡1至2人，或者重伤3人以上10人以下，或者财产损失3万元以上不足6万元的事故。

（4）特大事故：一次造成死亡3人以上，或者重伤11人以上，或者死亡1人，同时重伤8人以上，或者死亡2人，同时重伤 5 人以上，或者财产损失 6 万元以上的事故。

24. 道路交通事故伤害的主要类型有哪些?

（1）撞击伤：由于车辆或其他钝性物体与人体相撞导致的损伤，多为钝性损伤和闭合性损伤。

（2）跌落伤：因交通事故导致人体从高处坠落造成的损伤，可造成多处骨折和脊柱损伤。

（3）碾压伤：由于车辆轮胎碾压、挤压人体造成的伤害，轻者仅有软组织伤，重者则可导致严重的组织撕脱、骨折、肢体离断等损伤。

（4）切割刺入伤：在交通事故中，由于锐利的物体对人体组织的切割或刺入造成的损伤，可能造成内脏、血管、神经的损伤。

（5）挤压伤：人体肌肉丰富的部位，在受到重物挤压一段时间后，会导致筋膜间隙内肌肉缺血、变性、坏死，组织间隙出血、水肿，筋膜腔内压力升高，造成以肌肉坏死为主的软组织损伤。

（6）挥鞭伤：车内人员在撞车或者紧急刹车时，因颈部过度后伸或过度前曲产生的损伤，易造成脊椎的脱位尤其是颈椎和脊髓的损伤。

（7）烧伤：在交通事故中，由于热、电、危险化学品等因素对人体造成的损伤。车辆燃烧产生的有毒烟雾还可造成中毒。

（8）爆炸伤：因车辆起火爆炸引发的对人体的损伤，主要是冲击波和继发投射物造成的损伤。

（9）溺水：由于车辆坠落到河水里、池塘里、湖里，车内人员落水造成的淹溺伤亡。

25. 轨道交通与运输分为哪几类？

（1）按运输能力分类。线路运输能力指每小时单向的断面最大的乘客通过量，按照运输能力大小，轨道交通可分为高运量轨道交通、中运量轨道交通、低运量轨道交通。高运量轨道交通要求高峰小时单向运输能力达到 3 万人以上，中运量轨道交通要求高峰小时单向运输能力达到 1.5 万 ~3 万人，低运量轨道交通的高峰小时单向运输能力为 0.5 万 ~1.5 万人。

（2）按敷设方式分类。根据不同的敷设方式，轨道交通可分为地下（隧道）、高架和地面三种形式。高运量轨道交通在较为繁忙的地区多采用隧道和高架形式，在城际、市郊可采用全封闭的地面形式；中运量轨道交通可兼有三种敷设形式，且通常不与机动车混行；低运量轨道交通一般采用地面形式，可与机动车混行。

（3）按路权分类。路权是指轨道交通系统运行线路与其他交通的兼容程度。根据路权，轨道交通可分为独立路权、半独立路权和共有路权三种基本形式。独立路权的轨道交通系统与其他交通完全隔离，不受平交道路与人、车的干扰，一般用于高运量及运输能力在每小时 1.6 万人次以上的中运量轨道交通系统；半独立路权的轨道交通系统沿行车路线采用缘石、隔离栅等措施与其他交通实体隔离，但在交叉路口仍与横向的人、车平交混行，受信号系统控制，一般用于运输能力在每小时 1.6 万人次以下的中运量轨道交通系统；共有路权的轨道交通系统即地面混合交通，不具有实体分割，轨道交通与其他交通混合出行，在路口按照规定通行。

（4）按导向方式分类。根据导向方式，轨道交通可分为轮轨导向与导向轮导向。轮轨导向由钢轮轮缘和钢轨之间的作用力来提供导向力，包括钢轮钢轨系统（如地铁轻轨、有轨电车等）；导向轮导向包括单轨及自动导向交通系统等使用胶轮车辆的系统，具有耐磨性好、使用寿命长等优点。

26. 水路运输系统分为哪几类？

（1）水路运输按照航行区域可分为远洋运输、沿海运输、内河运输。远洋运输通常是指除沿海运输以外所有的海上运输；沿海运输是指利用船舶在沿海区域各地之间的运输；内河运输是指利用船舶、排筏和其他浮运工具，在江、河、湖泊、水库及人工水道从事的运输。

（2）水路运输按运输对象可分为旅客运输和货物运输。旅客运输包括单一客运（包括旅游）和客货兼运。货物运输包括散货运输、杂货运输和集装箱运输。其中，散货运输指无包装的大宗货物，如石油、煤矿、矿砂等的运输；杂货运输指批量小、件数多或较零星的货物运输；集装箱运输是现在国际货物往来的主要运输方式。

（3）水路运输按贸易种类可分为外贸运输和内贸运输。外贸运输指同其他国家和地区之间的贸易运输，内贸运输指国家内部各地区之间的贸易运输。

（4）水路运输按船舶运营组织形式可分为定期船运输、不定期船运输和专用船运输。定期船运输是选配符合相应营运条件的船舶，在规定航线上，定期停靠若干固定港口的运输；不定期船运输指船舶的运行按照运输任务或者按租船合同组织运输；专用船运输指企业自置或租赁船舶从事本企业自有物资的运输。

27. 车辆上的安全装置有哪些?

以普通轿车为例，车辆上的主要安全装置如下：

（1）安全气囊。安全气囊是每辆汽车所必备的安全装置，当汽车受到冲撞的时候，它自动弹出，为驾驶人员以及乘客提供防护，可使车内人员的头部受伤概率降低 25%，面部受伤概率降低

80%。

（2）制动防抱死系统（简称 ABS）。该系统常见于各种类型的汽车上，其作用是在汽车制动的时候能保证其方向的稳定性，防止产生侧滑跑偏的情况。

（3）车身电子稳定系统（简称 ESP）。该系统可以控制汽车在紧急变线时的车身稳定性，从而在一定程度上防止汽车失控事故的发生，对于汽车来说是非常重要的主动安全装置。

（4）安全带。安全带是为了在汽车碰撞时对车内人员进行约束以及避免车内人员与方向盘、仪表板等发生二次碰撞，或避免碰撞时车内人员冲出车外导致死伤的安全装置。汽车安全带是公认的最廉价也是最有效的安全装置。

（5）儿童安全座椅。儿童安全座椅是一种专为不同体重（或

年龄段）的儿童设计，将儿童束缚在其中，能有效保障儿童乘车安全的座椅。欧洲强制性执行标准 ECE R44/04 对儿童安全座椅的定义：能够固定到机动车辆上，带有 ISOFIX（国际标准化组织固定装置）接口、LATCH（儿童使用的下扣件和拴带）接口的安全带组件或柔性部件、调节机构、附件等组成的儿童安全防护系统。在汽车碰撞或突然减速的情况下，该系统可以减少对儿童的冲压力并限制儿童的身体移动从而减轻对他们的伤害。

28. 船舶上的安全装置有哪些?

船舶上的安全装置分成消防装置和逃生装置两大类。

（1）消防装置

1）干粉灭火器。干粉灭火器适用于扑救各种易燃、可燃液体和易燃、可燃气体火灾，以及电气设备火灾。

2）黄沙箱。黄沙箱内部装有黄沙，主要是通过沙子覆盖进行灭火，适用于电气火灾、油类火灾、危险化学品火灾。

3）消防栓和消防水带。消防栓是一种固定消防工具，船上消防栓直接连接消防水带、水枪出水灭火。

4）消防桶。消防桶在扑救火灾时用来盛装黄沙或水。消防桶是一个半圆桶的构造，既方便地面取水灭火，又可以在扑救火灾时有效地散开桶内黄沙，增大扑灭火的面积。

5）太平斧。太平斧是在逃生时用来砍除障碍物的，它能够轻松地砍开木门、薄铁门等。太平斧的质地比其他斧头坚硬且韧性较好，多摆放在公共场所的明显位置，同其他消防设施摆放在一起。

（2）逃生装置

1）救生圈。救生圈是一种水上救生设备，外表颜色为橙红色，表面无凹凸、开裂，沿着周长四个相等间距位置环绕贴有宽50毫米的逆向反光带。救生圈可配有可浮救生索、自亮浮灯等属具。

2）救生衣。设计类似背心，穿在身上可提供足够浮力，使落水者头部能露出水面，是船上、飞机上的重要救生设备之一。救生衣配有一枚救生哨子和一枚小型自亮浮灯，两肩头处装有反光带。

3）救生艇。救生艇主要配备在远洋货轮、大型船舶上，一般在生活区两侧各配一只，如果生活区设在船尾的，则在船尾配备一只。救生艇的规格是根据船舶配员来确定的，根据SOLAS（国际海上人命安全公约）规定，救生艇必须满足全部在船人员的载员要求，包括淡水、食品、座位等。

29. 飞机上的安全装置有哪些?

（1）氧气面罩。氧气面罩是为飞机乘客提供氧气的应急救生装置，每个乘客的座位上方都有一个，如果遇到座舱失压的情况，就会自动弹出落到乘客面前。乘客应注意学习乘务员的示范动作，在需要时能及时戴上氧气面罩，保证及时吸到氧气，维持正常呼吸。

（2）航空救生衣。飞机上每个乘客的座位下都备有一件航空救生衣，乘客应根据乘务员的示范和介绍熟悉如何正确使用，以便在紧急情况下能够迅速穿上并在适当的时候充气。

（3）应急滑梯。应急滑梯是飞机的救生设施之一，主要用于飞机在紧急情况下疏散乘客，使乘客及机组人员在极短的时间内，从飞机上撤离到地面并且尽可能减少人员受到的伤害。

（4）航空安全带。航空安全带是为了在飞机遭到碰撞时对乘客进行约束以及避免碰撞时乘客与座椅或飞机等发生二次碰撞，或避免碰撞时乘客冲出座椅外导致伤亡的安全装置。

（5）灭火器。飞机上通常配备海伦灭火器和干粉灭火器，海伦灭火器适用于各种类型的火情，干粉灭火器仅适用于货仓火灾的处置。

（6）其他安全装置。除上述装置外，一般民航还会配备手提式氧气瓶、卫生防疫包、应急医疗箱、急救箱等应急设备，由乘务员管理。

30. 如何正确使用汽车安全带?

车辆行驶过程中发生事故时，汽车安全带能有效起到防止发生二次碰撞，避免或减轻驾乘人员伤害的作用，安全带的正确使用方法如下：

（1）调整座椅，使身体能够坐直。

（2）抓住安全带头部的锁舌，沿着身体往下拉安全带，注意不要拉得太快。

（3）将锁舌扣到搭扣中，直到听到“嘎嗒”声响。往上拽一拽锁舌，检查是否锁住。检查搭扣上松开按钮的位置，这个按钮必须能够方便触及，以便发生意外时能够及时解开安全带。

（4）腰部安全带应系得尽可能低一些，紧贴在髋骨的下部，与股骨部位正好接触上，不要系在腰部。

（5）肩部安全带应当系在肩部，跨过胸腔，不能放在胳膊下面。安全带系好后不能太松也不能太紧，留有两根手指的余量比较合适，既能保障安全也不会太难受。

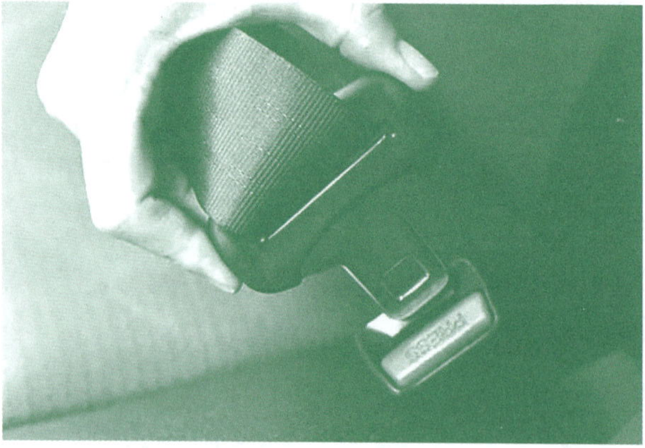

31. 如何正确使用航空安全带?

（1）乘客进入客舱坐在座椅上以后，用两手从座位两边拿起安全带，将锁舌顺沟槽和孔插入锁扣。

（2）一只手按住锁扣，一只手拉住织带，直到拉紧为止，不要留下间隙。

（3）扣好之后可以动动上身和臀部，使其紧靠椅背，拉好安全带，使其系紧。

（4）座椅上无人时，要将安全带摆放好，以免在紧急制动时锁舌撞击在其他物体上。

（5）不要让座椅背过于向后倾斜，否则影响使用效果。

第4章 道路交通与运输工伤预防

32. 常见的道路交通与运输事故有哪些？

常见的道路交通与运输事故可以分为碰撞、碾压、剐蹭、翻车、坠车、爆炸和失火等。

（1）碰撞。碰撞主要发生在机动车与机动车、机动车与非机动车、机动车与行人、非机动车与非机动车、非机动车与行人以及车辆与其他物体之间。根据碰撞时的运动情况，机动车与机动车之间的碰撞可分为正面相撞、侧面相撞、追尾相撞、左转弯相撞和右转弯相撞等。

（2）碾压。碾压一般是指机动车对非机动车或行人等的推碾或压过。

（3）剐蹭。剐蹭一般是指机动车之间发生的接触，根据运动情况分为会车剐蹭和超车剐蹭。

（4）翻车。翻车指车辆在行驶中因受侧向力的作用，使一部分或全部车轮悬空，车身着地的事故。翻车一般分为侧翻和大翻两种：两个车轮离开地面的称为侧翻，四个车轮均离开地面的称为大翻。

（5）坠车。车辆驶出路外，整体脱离地面，落到与路面有一定高差的地方，如车辆坠入桥下、山涧等事故。

（6）爆炸。这里的爆炸特指由于把爆炸物品带入车内，在行驶过程中因为振动等原因引起爆炸所造成的事故。车辆行驶过程中因轮胎爆炸引起的事故一般不算为爆炸事故。

（7）失火。失火指车辆在行驶过程中，发生车辆燃烧的事故。引起失火的原因既包括人为原因，如吸烟、明火、违反操作规程等，也包括车辆原因，如发动机回火、排气歧管或排气管过热、电路系统漏电等。

33. 常见的造成交通事故的原因有哪些？

（1）人为因素

1）酒后驾车。当酒精在驾驶人员脑神经系统内达到一定浓度时，会对中枢神经系统产生抑制作用，使其对道路环境信息的反应速度明显下降，反应时间延长容易导致判断失误、操作不当，从而危及行车安全。

2）违法超车。违法超车是指驾驶人员在禁止超车的路段或者在没有安全超车条件的路段强行超车的驾驶行为。违法超车一般表现为强行超车、右侧超车等情形。

3）超速行驶。应严格按照交通标志规定的速度行驶，超过该路段限定速度行驶就是超速行驶。

4）超载超限行驶。超载是指车辆运载的货物质量或人数超过行驶证上的核定质量或人数，超限是指车辆的轴载质量、车货总质量或装载总尺寸超过国家规定的限制。

5）疲劳驾驶。驾驶人员在睡眠不足或睡眠质量差的情况下，若长时间驾驶车辆，身体就很容易出现疲劳。疲劳会影响驾驶人员的感觉、知觉、思维、判断、意志、决策和运动等方面的能力。疲劳后继续驾驶车辆，会感到困倦瞌睡，四肢无力，注意力不集中，判断能力下降，出现动作迟缓或过早的现象，极易发生道路交通事故。

6）其他影响。驾驶人员对交通工具的有效控制，除取决于自身因素以外，还受其他交通参与者、道路以及道路控制设备的影响。

（2）环境因素

1）阴雨天气。阴雨天气尤其是大到暴雨天气，环境阴暗，能见度差，道路湿滑，会对行车安全造成不利影响：一方面，驾驶人员视野不开阔，视线不清，对前方人、车、物和道路状况无法做出正确判断；另一方面，由于道路湿滑，车轮与路面间的摩擦系数减小，制动能力下降，机动车在行驶中遇转弯或紧急情况采取制动措施时容易发生侧滑、跑偏或甩尾现象。除此以外，大雨天气还容易发生山体塌方、滑坡和道路塌陷等问题，威胁行车安全。

2）降雪天气。遇降雪天气时，积雪经常会出现冰冻现象，使路面湿滑坚硬，车辆行驶时车轮与路面间的摩擦系数减小，车轮与路面的附着力随之减小，刹车制动能力下降，机动车在行驶中遇转弯或紧急情况时，容易直接引起车辆侧翻、追尾相撞甚至连环相撞事故。大雪天气还会使路面原有的凹坑、坑洼路段等危险点不易被发现，影响行车安全。

3）大风天气。大风天气（如台风）会使车辆行驶阻力增大，导致车辆负载增加，影响行车稳定性。在超车过程中，当高速行驶的车辆在超越前方大型车辆时，两车之间容易形成气体对流对车辆产生干扰，影响车辆行驶的稳定性而造成交通事故。

4）沙尘暴天气。在沙尘暴天气下，一方面，道路能见度低，驾驶人员的视线不清，车辆行驶阻力增大，影响行驶的稳定性。另一方面，在这种天气条件下，人们易心理恐慌，四处逃避躲藏，导致交通秩序混乱而引发交通事故。

5）大雾天气。由于大雾笼罩，行车能见度差，驾驶人员视野不清，不利于对前方道路状况和交通环境进行正确观察、掌握和判断，车辆在行驶中容易发生追尾碰撞或正面碰撞事故。

6）高温天气。高温天气对道路交通安全的影响表现在：驾驶人员容易疲劳瞌睡；沥青路面由于高温暴晒变软变滑，使车轮与路面间的摩擦系数降低，车辆制动能力下降；在高温条件下高速行驶时，容易发生爆胎事故。另外，由于高温高压作用，还会引起机动车发动机“开锅”、润滑系统工作不良、机件受损等机械故障。

7）低温天气。机动车在低温条件下行驶时，除因道路积雪、结冰影响行车安全外，往往还会由于驾驶室内外温差过大，室内空气中的水分凝结于汽车挡风玻璃上形成一层水雾，使挡风玻璃透明度降低，导致驾驶人员视线不清，影响对前方道路状况和人、车、物的正确判断。另外，低温会导致润滑系统阻力增大、启动困难、行驶途中熄火后难以启动等车辆故障。

（3）道路因素

1）道路线形。道路线形是指道路在空间的几何形状和尺寸，简称路线。

2）路面强度。路面是指用各种筑路材料铺筑在道路路基上直接承受车辆荷载的层状构造物。为使路面能承受车辆载重、抵抗车轮磨耗，路面要有足够的强度，以抵抗车辆对路面的破坏或预防路面产生过大的形变。

3）路面稳定性。路面应具有较高的稳定性，使路面强度在使用期内不会因水文、温度等自然因素的影响而产生过大的变化。

4）路面平整度。路面要有一定的平整度，以减小车轮对路面的冲击力，保证车辆安全舒适地行驶。

5）路面抗滑性。路面要有适当的抗滑能力，避免车辆在路面上行驶、起动和制动时发生侧滑、溜车危险。

6）路肩。路肩指的是位于车行道外缘至路基边缘，具有一定宽度的带状部分（包括硬路肩与土路肩），为保持车行道的功能和临时停车使用，并作为路面的横向支承。

34. 超车事故的预防措施有哪些?

（1）禁止强行超车。在前车因故而未让速、让道的情况下，不得强行超车；前车前方没有足够的安全距离时，不能强行挤插；不得强行挤靠被超车迫其让行。

（2）超车时，要保持平缓的超车路线。超车前，提前并入左侧车道（或超车道），超车后推迟返回右侧车道，使行驶轨迹与前车基本保持平行。

（3）超车前、超车中、超车后都应始终注意保持与被超车的车间安全距离，要注意防止：超车前，被超车紧急制动；超车中，被超车向左挤靠；超车后，被超车尾随过近。

（4）在超车过程中，发现左侧有障碍，且横向间距过小而可能发生剐蹭时，应迅速减速，停止超车，待机再超；要慎用行车制动，防止侧滑。

（5）需超车时，首先应注意观察前、后车状态，同时打开左转向灯，确认安全后，再缓慢向左转动方向盘，使车辆平顺地进入超车道。超越被超车辆后，打开右转向灯，待被超车辆全部进入后视镜后，再平滑地操作方向盘，进入右侧行车道，关闭转向灯。严禁在超车过程中急转方向。

35. 追尾事故的预防措施有哪些？

驾车行驶在连续不断的车流中，驾驶人员必须顺应交通流，否则稍不注意就会发生追尾事故。跟车时要保持安全距离，预防追尾事故，必须做到以下几点：

（1）顺应交通流的速度。在流畅的车道上行驶时，应顺应车流速度前进，尽量不穿插变道，以确保交通安全顺畅。

（2）保持与车速相适应的车距。在车辆密集的车流中行车，必须与前车保持与车流车速相适应的车距。车距过大会影响道路通行能力，车距过小容易引发追尾事故。例如，当前车紧急制动时，后车容易因制动不及时而撞上前车车尾（很多追尾事故是由于跟车距离过小导致的）。

（3）注意观察前面车辆的动态。如果前面车辆制动灯亮起，驾驶人员应该把右脚放在制动踏板上随时准备制动。

（4）尽量避免紧随大车之后。若前面是大型汽车，应尽量拉大与前车的距离，向左侧（或右侧）与大型车纵轴线错开适当距离，以便观察前方交通动态。在市区内，电车、公共汽车见站就停，且加速性能和制动性能好，停车和加速迅速，跟随这些车辆行驶时，应保持较大车距。

（5）防止起步熄火或后溜。在拥挤的交通流里行车，经常走走停停，长时间缓慢跟随前车行驶。若是在起步时，又发生熄火或后溜，不但使驾驶人员本人心情紧张，易出现操作失误而后溜撞向后车，也容易使后面尾随车辆驾驶人员产生烦躁情绪而做出过失行为，发生危险。

36. 汽车爆胎的预防措施有哪些?

车辆在高速行驶中，一旦发生爆胎事故将会给驾驶人员和乘客带来极大危险。爆胎的主要原因往往是充气过足或不足，轮胎有裂纹、脱皮和其他损伤，或者因路况不好，轮胎碰到尖硬的物体等意外情况。为预防汽车爆胎，应注意以下几点：

（1）平时注意轮胎保养，经常检查轮胎可以起到消除隐患的作用。平时要检查轮胎是否达到磨耗标志（花纹沟深度）警示线，正常使用的轮胎磨耗到此标志应及时更换。

（2）至少每两个月检查一次胎压，不能只用目测其下沉量来判断，若发现气压不足应查找漏气的原因。

（3）经常检查轮胎是否有损伤，比如是否有扎钉、割伤，发现损伤的轮胎应及时修补或更换。

（4）两个前轮的轮胎一旦修补过，应及时调整到后轮使用，确保两前轮没有任何隐患。

（5）及时剔除花纹沟中的石子，以免导致轮胎变形。

（6）应避免轮胎接触油类和化学物品，以免对轮胎橡胶造成腐蚀。

（7）定期对车辆进行四轮定位检查，如发现定位不良，则要及时校正，否则会造成轮胎不规则磨损，影响轮胎的使用寿命。

37. 疲劳驾驶的预防措施有哪些?

预防疲劳驾驶是保障行车安全的基本要求之一，当已经感到疲劳再去改善，效果远不如提前做好预防措施。预防疲劳驾驶可采取以下措施：

（1）注意劳逸结合，科学、合理地安排行车时间和计划。注意行车途中的休息，连续驾驶时间不得超过 4 小时，连续行车 4 小时后，必须停车休息 20 分钟以上。夜间长时间行车，应由两人轮流驾驶，交替休息，每人驾驶时间应控制在 2~4 小时。尽量不在深夜驾驶。

（2）保持良好的驾车环境。在行车过程中，应保持驾驶室空气畅通，室内的温度和湿度适宜，减少噪声干扰。

（3）保证足够的睡眠时间和良好的睡眠效果。养成按时就寝的习惯并保持良好的睡眠姿势，每天保证 7~8 小时的睡眠，睡前 1.5~2 小时内不饮食，睡前 1 小时内不多饮水、不进行过度脑力工作；卧室内保持通风、清洁，床不宜太软，被子不要过于厚重，枕头不宜过高。

（4）注意合理地安排自己的休息方式。驾驶车辆时应避免长时间保持一个固定姿势，可时常调整局部疲劳部位的姿势并深呼吸，以促进血液循环；最好在行驶一段时间后停车休息，下车活动腰部和腿部，放松全身肌肉，预防驾驶疲劳。

（5）养成良好的饮食习惯，提高身体素质。膳食宜选择易消化、营养价值高的食品；多吃含维生素类的食物，可以防止眼睛干燥、疲劳以及夜盲症的发生；多吃富含纤维的食物，可以增强胃、肠的蠕动，防止便秘和痔疮；切忌饥一顿、饱一顿。

血的教训

某日凌晨，在京珠高速韶关乳源段，一辆满载铁矿石的大货车因车辆发生故障，在路边停车维修，但没有及时在车后方设置警示标志。随后驶来的一辆大客车司机因长时间疲劳驾驶处于精神恍惚状态，误以为大货车处于缓慢行驶状态，于是加大油门想超过大货车继续行驶，但由于大客车此时的车速较快，未能敏捷地“越位”，发生碰撞导致大客车半边车身都被铲掉。据事后统计，本起车祸共造成 50 余人死伤，给几十个家庭带来毁灭性打击。

引发本起事故的直接原因是大客车司机疲劳驾驶，对前方车辆状况做出错误的判断。间接原因是大货车司机在路边停车后没有采取安全的避险措施，未在车辆后方设置警示标志，未提醒后车保持安全距离。这起事故的惨痛教训提醒我们要杜绝疲劳驾驶，车辆因故障在路边临时停车时也要在车后安全距离以外设置警示标志。

38. 避免视野盲区的措施有哪些？

汽车的视野盲区是极大的事故隐患，由于盲区的存在，极易造成驾驶人员判断失误，做出错误操作，并由此导致交通事故的发生。为了减少车辆在行驶中产生的视野盲区，安全驾驶车辆，每位驾驶人员在进入驾驶室之后，必须调整并保证具有以下驾驶条件：

（1）调节好内外后视镜的角度、座椅及方向盘的位置。

（2）正常状态下可以自然握住方向盘。

（3）腿部要有一定的活动空间。

（4）用脚踩离合器踏板、制动踏板和加速踏板时不费力。

（5）身体不前倾。

常见的视野盲区有车头盲区、车尾盲区、后视镜盲区、车底盲区等，每个地方的盲区应用不同的应对办法：

（1）影响汽车车头盲区的因素有车身高度、座椅的高度、车头的长度、驾驶人员的身材等，如果没有控制好车头盲区，就很容易发生碰撞事故。应对技巧是尽可能与前车或者障碍物保持足够的距离，熟悉车头盲区的距离大小，平稳控制车辆，开车坐姿要正确。

（2）车尾盲区是指从后车门开始向外侧展开大约 30° 的区域，这段区域在后视镜的视野以外。避开车尾盲区的技巧是倒车前先养成检查车尾是否有障碍物的习惯，再用缓慢的速度倒车。如果新手对倒车技术没把握，可以让旁人协助指挥，以保证尽可能与后方障碍物保持足够的距离。

（3）后视镜并不能完全地反映车身周围的全部信息，因为后视镜的视野范围内都存在着或多或少的盲区。有的驾驶人员对右边的后视镜盲区很注意，而往往易忽视左侧后视镜的盲区。避开技巧是当车辆需要变线或者拐弯时，需提前打转向灯以保障安全，由于此时车身与车道形成一个角度，左后视镜的视野也相应偏转了一个角度，刚好看不到较近的最内侧车道情况，所以每次大角度并线时一定要向左转头仔细看几眼，慢速偏转。也可以选择在车内后视镜上加装一块大视野的辅助镜，这些方法都能尽量减少后视镜外侧盲区的出现。

（4）车底盲区是在车内视线根本无法看到的区域，同时各种各样的车用雷达都无法探测到，这往往会造成较大的事故隐患。避开技巧是驾驶人员在进入驾驶舱前，要养成绕车观察一周的习惯，并检查车辆底部是否安全。在起动车辆时，按几下喇叭再前进。

39. 暴雨天气安全行车的注意事项有哪些?

（1）低速行驶，保持视线清晰。雨天行车容易打滑，驾驶人员一定要减速慢行，时速不要超过 60 千米 / 小时。在雨天不开窗的情况下，车内与车外温差明显，会在车玻璃上产生水雾，影响视线。这时应打开空调冷风，减少车玻璃上的水雾，保证视线清晰。如遇暴雨不要随意使用远光灯，因为一般的远光灯会在雨水中反光，严重影响视线。

（2）观察积水，确认安全后通过。在路上要尽量绕开积水路面，以免车辆误入深坑、水渠等而导致抛锚或车胎被扎破。如果必须在涉水路面行驶，一定要保持低速，尤其是当水面高度高于排气管高度时，需格外小心。在这种情况下行驶时，一定注意与前车保持合适的安全距离。若车辆发生熄火，不可重新起动。

（3）人员被困后应保持冷静，寻机逃生。城市暴雨天气下经常在桥下和低洼路段形成很深的积水，容易导致车辆抛锚被困，这时需要车内人员弃车逃生以保安全。发生车辆入水情况时，如果车辆尚未完全进入水中，应及时离开车辆，必要时可打开天窗或破窗逃生。

（4）驾车过程中，除应注意路上行人、自行车及其他车辆等的动向外，还应注意路旁的电线杆、电线、树木等，防止其被风刮倒而影响行车。

（5）驾车过程中，对前方的涵洞、桥梁、排水沟等都应做好充分预估，必要时下车观察，切勿盲目行车。

（6）上下坡时，应观察好路面情况，防止行至中途发生车轮打滑而造成车辆横移。

（7）在连续多雨季节，从安全角度考虑，可采用排水力强的轮胎，且避免因胎压过低导致与地面接触的胎纹挤成一团，从而削弱排水效果。

（8）遇到大暴雨或特大暴雨，能见度很低，雨刮器的作用不能满足要求时，为了安全起见，不要冒险行驶，应选择安全地点停车，并打开示廓灯，待雨量减小或雨停后再继续行驶。

40. 多雾天气安全行车的注意事项有哪些?

（1）遵守交通规则限速行驶，千万不可开快车。雾越大，可视距离越短，此时开快车极容易发生交通事故。大雾天气严禁超车和抢行，以免发生意外。

（2）雾天尽量不要超车，发现前方车辆靠右边停驶时，不可盲目超车，要考虑到此车是否在让行对面来车；超越路边停放的车辆时，要在确认其没有起步的意图且对面又无来车后，鸣喇叭，从左侧低速绕过。

（3）不要开“冒险车”。根据当时的能见度，判断是否开车上路。如果能见度很低，最好不要出车，如果正在路上，可以在确保安全的位置临时停车，等雾散去再继续行驶，此时应当打开雾灯等警示装置。

（4）谨慎制动。在气温低、湿度大的时候，路面极易形成薄霜，此时应避免紧急制动，以防侧滑发生事故。

（5）勿用远光灯。远光灯的作用是大面积照射，容易在雾里造成散射，在驾驶人员眼前形成散射光团，使驾驶人员感觉一片雪白，反而看不清前方。

（6）检查车况。雾天水汽很容易凝结在挡风玻璃表面，造成视线模糊。出车时应将挡风玻璃上的水雾擦干净，同时检查车辆的安全状况，特别是制动、灯光（如雾灯、示廓灯）和雨刮器等。在雾中行驶时，要开启雾灯和示廓灯，减速慢行。

（7）勤按喇叭。雾天行车时应经常按喇叭来警示行人和车辆，听到其他车的喇叭声时，应鸣笛回应，使双方能互相确认对方车辆位置。

（8）在大雾中，可以尽量利用剩余的视距，看着路中间的分道线行驶，但注意不要轧线行驶，否则对向会车时很容易发生危险。最好不要沿着路边行驶，避免撞到在路边临时停车、等待雾散的人。

（9）因雾气易在挡风玻璃外形成小水珠而影响视线，雾天行车时，可间歇使用雨刮器，把挡风玻璃上因雾气凝成的小水珠刮干净，以改善视野。

（10）冬天浓雾会使路面上形成薄霜或薄冰，极易产生侧滑，切不可急打方向盘、猛踏或快速松制动踏板，以防侧滑。

41. 冬季安全行车的注意事项有哪些?

（1）冬天天气寒冷，开空调的时候注意不要长时间使用内循环，否则车内空气无法得到有效的交换，可能会造成一氧化碳中毒。

（2）冬天温度低，润滑油黏度增大，润滑效能降低，妨碍传动装置、转向装置的正常运转，因此起动后应先预热一段时间或低速行驶一段距离后再加速行驶。

（3）在冰雪路面开车，应加装防滑链条，行驶中不得猛转猛回方向盘，要稳压油门踏板，低速缓行，途中尽量少换挡，避免猛加油，也不要急制动，防止车辆侧翻。

（4）冬天在冰雪路面开车必须保持安全车距，对前方道路状况要提前做出判断和响应，车速也要控制好。

（5）如果车身和玻璃上落有积雪，在开车前必须将积雪全部清理干净，防止积雪阻挡视线，产生视野盲区而造成交通事故。

（6）冬天如果有雾或挡风玻璃内侧有水汽等阻挡视线时，必须立即使用空调或除雾剂清除。

42. 临时停车时应遵循的安全规定有哪些？

机动车在道路上临时停车，应当遵守下列规定：

（1）在设有禁停标志、标线的路段，在机动车道与非机动车道、人行道之间设有隔离设施的路段以及人行横道、施工等路段，不得停车。

（2）交叉路口、铁路道口、急弯路、宽度不足 4 米的窄路、桥梁、陡坡、隧道以及距离上述地点 50 米以内的路段，不得停车。

（3）公共汽车站、急救站、加油站、消防栓或者消防救援队（站）门前以及距离上述地点 30 米以内的路段，除使用上述设施的情况外，不得停车。

（4）车辆停稳前不得开车门和上下人员，开关车门不得妨碍其他车辆和行人通行。

（5）路边停车应当紧靠道路右侧，机动车驾驶人员不得离车，上下人员或者装卸物品后，立即驶离。

（6）城市公共汽车不得在站点以外的路段停车上下乘客。

43. 机动车载人时应遵循的安全规定有哪些？

机动车载人应当遵守下列规定：

（1）公路载客汽车不得超过核定的载客人数，但按照规定免票的儿童除外。在载客人数已满的情况下，按照规定免票的儿童不得超过核定载客人数的10%。

（2）载货汽车车厢不得载客。在城市道路上，货运机动车在留有安全位置的情况下，车厢内可以附载临时作业人员1~5人；载物高度超过车厢栏板时，货物上不得载人。

（3）摩托车后座不得乘坐未满12周岁的未成年人，轻便摩托车不得载人。

44. 机动车载物时应遵循的安全规定有哪些？

机动车载物不得超过机动车行驶证上核定的载质量，装载长度、宽度不得超出车厢，并应当遵守下列规定：

（1）重型、中型载货、半挂汽车载物高度从地面起不得超过4米，载运集装箱的车辆不得超过4.2米。

（2）其他载货的机动车载物高度从地面起不得超过 2.5 米。

（3）摩托车载物高度从地面起不得超过 1.5 米，长度不得超出车身 0.2 米。两轮摩托车载物宽度左右各不得超出车把 0.15 米，三轮摩托车载物宽度不得超过车身。

（4）载客汽车除车身外部的行李架和内置的行李箱外，不得载货。载客汽车行李架载货，从车顶起高度不得超过 0.5 米，从地面起高度不得超过 4 米。

45. 机动车在高速公路上行驶时应遵循的安全规定有哪些?

（1）机动车进入高速公路的要求

1）行人、非机动车、拖拉机、轮式专用机械车、铰接式客车、全挂拖斗车以及其他设计最高时速低于 70 千米的机动车，不得进入高速公路。

2）驾驶人员在实习期内驾驶机动车上高速公路行驶，应当由持相应或者更高准驾车型驾驶证 3 年以上的驾驶人员陪同。

（2）对机动车速度的要求

1）在高速公路上行驶的小型载客汽车最高车速不得超过每小时 120 千米，其他机动车不得超过每小时 100 千米，摩托车不得超过每小时 80 千米。

2）同方向有 2 条车道的，左侧车道的最低车速为每小时 100 千米；同方向有 3 条以上车道的，最左侧车道的最低车速为每小时 110 千米，中间车道的最低车速为每小时 90 千米。

（3）对机动车车距的要求

1）机动车在高速公路上行驶，车速超过每小时100千米时，应当与同车道的前车保持100米以上的距离。

2）车速低于每小时100千米时，与同车道前车距离可以适当缩短，但最小距离不得少于50米。

46. 压缩气体和液化气体的运输、装卸要求有哪些？

（1）出车前

1）车厢内不得有与所装货物性质相抵触的残留物。

2）夏季运输应检查并保证瓶体遮阳、瓶体冷水喷淋降温设施等安全有效。

（2）运输中

1）运输中，低温液化气体的瓶体及设备受损、真空度遭破坏时，驾驶人员、押运人员应站在上风处操作，打开放空阀泄压，注意防止灼伤。一旦出现紧急情况，驾驶人员应将车辆转移到距火源较远的地方。

2）压缩气体遇燃烧、爆炸等险情时，应向气瓶大量浇水使其冷却，并及时将气瓶移出危险区域。

3）从火场上救出的气瓶，应及时通知有关技术部门另做处理，不可擅自继续运输。

4）发现气瓶泄漏时，应确认拧紧阀门，并根据气体性质做好相应的人身防护：

①施救人员应戴上防毒面具，站在上风处抢救。

②易燃、助燃气体气瓶泄漏时，严禁靠近火种。

③有毒气体气瓶泄漏时，应迅速将所装载车辆转移到空旷安全处。

5）除另有限运规定外，当运输过程中瓶内气体的温度高于 40 ℃时，应对瓶体实施遮阳、冷却喷淋降温等措施。

（3）装卸时

1）装卸人员应根据所装气体的性质穿戴好防护用品，必要时戴好防毒面具。用起重机装卸大型气瓶或气瓶集装架（格）时，应戴好安全帽。

2）装车时要拧紧瓶帽，注意保护气瓶阀门，防止撞坏。车下人员须待车上人员将气瓶放置妥当后，才能继续往车上装瓶。在同一车厢内不准有两人以上同时单独往车上装瓶。

3）气瓶应尽量采用直立运输，直立气瓶高出栏板部分不得大于气瓶高度的 1/4。不允许纵向水平装载气瓶。水平放置的气瓶均应横向平放，瓶口朝向应统一；水平放置最上层气瓶不得超过车厢栏板高度。

4）妥善固定瓶体，防止气瓶窜动、滚动，保证装载平衡。

5）卸车时，要在气瓶落地点铺上铅垫或橡皮垫；应逐个卸车，严禁溜放。

6）装卸作业时，不要把阀门对准人身，注意防止气瓶安全帽脱落，气瓶应直立转动，不准脱手滚瓶或传接，气瓶直立放置时应稳妥牢靠。

7）装运大型气瓶（盛装净重 0.5 吨以上的）或气瓶集装架

（格）时，气瓶与气瓶、集装架与集装架之间需填牢填充物，在车厢栏板与气瓶空隙处应有固定支撑物，并用紧绳器紧固，严防气瓶滚动，重瓶不准多层装载。

8）装卸有毒气体时，应预先采取相应的防毒措施。

9）装货时，漏气气瓶、严重损坏瓶（报废瓶）、异型瓶不准装车。收回漏气气瓶时，漏气气瓶应装在车厢的后部，不得靠近驾驶室。

47. 易燃液体的运输、装卸要求有哪些？

（1）出车前，根据所装货物和包装情况（如化学试剂、油漆等小包装），随车携带好遮盖、捆扎等防散失工具，并检查随车灭火器是否完好，车辆货厢内不得有与易燃液体性质相抵触的残留物。

（2）运输中，装运易燃液体的车辆不得靠近明火、高温场所。

（3）装卸时

1）装卸作业现场应远离火种、热源。操作时不准撞击、摩擦、拖拉货物；装车堆码时桶口、箱盖一律向上，不得倒置；集装货物应堆码整齐；装卸完毕，应罩好网罩，捆扎牢固。

2）盛装易燃液体的钢桶，不得从高处翻滚溜放卸车。装卸时应采取措施防止产生火花，周围需有人员接应，严防钢桶撞击致损。

3）钢制包装件多层堆码时，层间应采取合适衬垫，并应捆扎牢固。

4）对低沸点或易聚合的易燃气体，若发现其包装容器内装物有膨胀（鼓桶）现象时，不得装车。

48. 爆炸品的运输、装卸要求有哪些？

（1）出车前

1）运输爆炸品应使用厢式货车。

2）厢式货车的车厢内不得有酸、碱、氧化剂等残留物。

3）不具备有效的避雷电、防潮湿条件时，雷雨天气应停止对爆炸品的运输、装卸作业。

（2）运输中

1）应按公安部门核发的道路通行证所指定的时间、路线等行驶。

2）运输过程中发生火灾时，应尽可能将爆炸品转移到危害最小的区域或进行有效隔离。不能转移、隔离时，应组织人员疏散。

3）施救人员应戴防毒面具。扑救时禁止用沙土等物压盖，不得使用酸碱灭火剂。

（3）装卸时

1）严禁接触明火和高温，严禁使用会产生火花的工具、机具。

2）车厢装货总高度不得超过 1.5 米。无外包装的金属桶只能单层摆放，以免压力过大或撞击摩擦引起爆炸。

3）任何情况下，爆炸品不得配装；装运雷管和炸药的两车不得同时在同一场地进行装卸。

49. 汽车运输危险货物时对职工的要求有哪些?

（1）运输危险货物的驾驶人员、押运人员和装卸管理人员应持证上岗。

（2）职工应了解所运危险货物的特性、包装容器的使用特性、防护要求和发生事故时的应急措施，熟练掌握消防器材的使用方法。

（3）运输危险货物时应配备押运人员。押运人员应熟悉所运危险货物的特性，并负责监管运输全过程。

（4）驾驶人员和押运人员在运输途中应经常检查货物装载情况，发现问题及时采取措施。

（5）驾驶人员不得擅自改变运输作业计划。

50. 预防汽车火灾发生的注意事项有哪些?

（1）防止油料渗漏。汽车火灾事故大部分是油料燃烧引起的，如果油料没有渗漏现象，在一般条件下，不会发生火灾。驾驶人员要随时检查燃油供给系统和润滑油有无渗漏，若发现渗漏，要及时处理；润滑油的轻微渗油现象有时很难根除，因此要及时将渗出的油迹擦净。油箱盖和使用防冻液时的水箱盖要严密，加注油料和防冻液不可过满，以防溢出。此外，还要注意油箱的温度，如夏季日光暴晒、冬季靠近暖气等，都会使油箱过热，增加油料的挥发，挥发出来的油气则很容易引起火灾。油箱焊修时要将箱壁上黏附的残油洗净。在途中排除油路故障时，要注意渗漏的油不能被点燃，任何时候都不准用汽油擦洗汽车发动机。

（2）隔绝火源。火源是指能够点燃油料或其他易燃品的火花、火种与炽热体，针对汽车防火而言，主要有以下几个方面：

1）人为火源。如点燃的油灯、火柴、打火机、喷灯、车库的炉火、照明灯、点燃的烟等火源都有引起汽车火灾的先例，特别是在油箱口附近或汽车漏油时，由于疏忽大意容易引起火灾。因此，要加强对驾驶人员的防火意识教育，企业要有严密的防火制度，严禁无关人员进入车库。

2）汽车本身的电火花。汽车的高压电虽有防护，但在汽缸外跳火的机会仍然很多，如高压线插头松动、绝缘老化等都会引起高压跳火，若此时附近有易燃物或汽油蒸气，就会引起火灾。因此，必须保持车辆技术状态良好，加强对车辆的维护。

3）汽缸内溢出的火。化油器回火、排气管“放炮”、点火时间不合适、负荷过大、混合气过浓等引起的发动机排气管过热，都能引起火灾。特别是在发动机不清洁，沾染油污，油污黏附杂草枯叶时，若附近有火源，也可能引起火灾。为此，必须经常擦拭发动机，保持其外表清洁，没有油污，并使油电路调整适当。

4）防止静电火花和金属撞击引起的火花。汽油与油箱、油料与油罐在运动中会因摩擦产生静电，当电位高到一定程度也会跳火引起火灾。因此，仓库的储油容器、管线、装卸设备上要安装接地线，以便把静电导入大地。油罐车要拖一根接地链，且要连接牢固，导电良好。加油时，加油枪管口应尽量接近油面，控制流速，以减少油料搅动与冲击，避免产生火花。实践证明，在装油开始和装到容器 3/4 以后时，最容易发生静电跳火事故。所以在加油开始时和接近装满时，要放慢油的流速。金属撞击也能产生火花，所以在有汽油或汽油蒸气的地方，严禁用铁锤或扳手敲击金属，如油箱口、油桶盖等。

51. 扑救汽车火灾的常用办法有哪些?

（1）当汽车发动机发生火灾时，驾驶人员应迅速停车，打开车门让车上人员下车，然后切断电源，取下随车灭火器，对准着火部位正面猛喷，以扑灭火焰。

（2）汽车车厢货物发生火灾时，驾驶人员应将汽车驶离重点要害部位（或人员集中场所）后，立即停车并迅速向消防队报警。

（3）当汽车在加油过程中发生火灾时，驾驶人员不要惊慌，要立即停止加油，迅速将车开出加油站（库），用随车灭火器或加油站的灭火器以及衣物等将油箱上的火焰扑灭。如果地面有流散的燃料时，应用库区灭火器或沙土将地面火扑灭。

（4）当汽车在修理过程中发生火灾时，修理人员应迅速下车或钻出维修地沟，迅速切断电源，用灭火器或其他灭火器材扑灭火焰。

（5）当汽车被撞后发生火灾时，如果车辆零部件损坏，乘车人员伤亡比较严重，首要任务是设法救人。

（6）当停车场发生火灾时，一般应视着火车辆位置，采取扑救措施和疏散措施。如果着火汽车在停车场中间，应在扑救火灾的同时，组织人员疏散周围停放的车辆。

（7）当公共汽车发生火灾时，由于车上人多，要特别冷静果断。首先应考虑到救人和报警，视着火的具体部位而确定逃生和扑救方法。

52. 处置汽车火灾事故时的注意事项有哪些？

（1）汽车失火，除应迅速扑灭外，若有可能波及周围建筑物、其他车辆、物资时，应果断地把车开到较为安全的地点。

（2）行驶中的汽车失火，应马上停车熄火，关闭车窗。如果是客车，要及时打开车门，组织乘客下车，利用车上的器材灭火。若车上的货物失火，应将失火的货物卸下后进行扑救。

（3）如因撞车、翻车失火，应先救人，在灭火的同时要防止火蔓延。汽车撞车、翻车后尚未起火，要防止油料流淌而引起火灾。

（4）停车场（库）内的汽车失火，驾驶人员应根据现场火情，尽快把着火的汽车推出车场（库）外，或使其远离相邻车辆，同时积极扑救火灾并通知消防救援部门。

第5章 轨道交通与运输工伤预防

53. 常见的轨道交通事故有哪些?

(1)列车冲突。列车、机车、车辆(包括轨道起重机,下同)、动车、重型轨道车互相之间或与设备设施(如车库、站台、车挡等)、轻型车辆发生冲撞导致列车、机车、车辆、动车、重型轨道车破损。

(2)列车脱轨。机车、车辆的车轮落下轨面(包括脱轨后又自行复轨),或车轮轮缘顶部高于轨面(因作业需要的除外),导致车轮在列车运行时离开钢轨造成事故。

(3)列车火灾。列车起火造成机车、车辆破损(面积达到5平方米及以上)而影响使用(失去基本功能),或发生货物、行包烧毁列车的特殊结构和空间形式。列车火灾具有燃烧速度快、多向蔓延的特点。列车运行途中的火灾有三种蔓延形式：

1）热对流。列车车门上方的排风装置在运行中每小时的排风量为 1 000 立方米，在供氧充足的条件下，会在火场冷热气流交汇中形成“穿堂效应”和“拔风效应”。当列车时速达到 90 千米时，车窗上沿风力可达 9 级。如端门双开并有 1/2 的车窗开启，过道风力可达 7 级。借助风力，火势在很短的时间内就会形成难以控制的局面。

2）热传导。着火点高温可通过车辆金属部位纵横传导，引燃周边易燃物品。

3）热辐射。这是客车火灾中最直接、最常见的火灾蔓延形式，火焰随着起火点的扩大、燃烧物的增多而呈几何级数扩张。客车运行中燃烧速率极高，相关研究表明，列车火灾发生后半分钟火焰可窜至顶棚，2 分钟浓烟会充满列车整个内部空间，7 分钟车窗玻璃就会破碎，8 分钟近一半的车厢会被引燃，11~14 分钟车体将全面燃烧，18 分钟列车会被全部烧毁，因此处置速度往往不及蔓延速度来得快。

（4）列车爆炸。由于爆炸造成机车、车辆设备损坏，墙板、车体会因爆炸而变形或出现孔洞。

（5）机破。机破是指机车在出库后的运行过程中发生机械或电气故障而被迫停车的一种非人为的事故。

（6）坡停。坡停是指机车在坡道上运行时，因发生故障而导致运行停止的事故。

（7）机车溜逸。机车溜逸是指本该处于静止状态的列车因为操作不当等原因发生滑行的事故。

（8）列车追尾。列车追尾是指同车道行驶的列车尾随而行时，后车车头与前车车尾相撞的事故。列车追尾通常是由于列车跟进间距小于最小安全距离和驾驶人员反应迟缓或制动系统性能不良。

（9）挤道岔事故。列车运行时，没有确认道岔开程，由于道岔位置不正确，尖轨未能与基本轨密贴，车轮碾压时，会将尖轨与基本轨挤开，此时道岔既不在定位，也不在反位，呈四开状态，极易导致列车出轨和倾覆。

（10）地铁迷流引发的事故。地铁迷流又称地铁杂散电流，主要是指采用直流供电牵引方式的地铁列车在地下铁道运行时，泄漏到道床及其周围土壤介质中的电流。地铁迷流会对地铁周围的埋地金属管道、通信电缆外皮以及车站和区间隧道主体结构中的钢筋发生电化学腐蚀，这种电化学腐蚀不仅会缩短金属管线的使用寿命，而且还会降低建筑物钢筋混凝土主体结构的强度和耐久性，甚至会酿成灾难性事故。

54. 常见的导致脱轨的因素有哪些?

引起脱轨的 10 种主要原因：

（1）外部条件不良时的紧急制动。

（2）超过额定的列车运行速度。

（3）接头拉开和轨缝胀大造成的断轨。

（4）温度应力或无缝线路在列车作用下的横向跑道（胀道）。

（5）车辆或转向架零部件断裂。

（6）不合理的车辆悬挂刚度及车体扭转刚度。

（7）严重的水平方向线路不平顺或水平、三角坑、沉陷等不平顺组合。

（8）提速状态下全列空载货车和轻、重货车混编。

（9）桥梁横向刚度不够。

（10）若干种不同因素的组合，这些因素单独存在时不构成脱轨危险。

其中，上述的（1）~（5）属于非正常行车导致的脱轨，（6）~（10）属于正常行车导致的脱轨。由于车辆脱轨造成货物窜动将车辆撞坏、挤坏时，应根据所造成的后果，确定事故性质。

55. 坡停的预防措施有哪些?

（1）编组超轴列车时，应得到驾驶人员的同意，并须经列车调度员准许。

（2）车站值班员要认真掌握到发线使用，保证不间断接发列车，易发生坡停的进站前困难区段禁止停车。遇到相对方向同时接发列车时，优先接入超轴列车，防止超轴列车机外停车。

（3）若发生列车坡停，无法启动时，驾驶人员应立即使用列车无线调度通信设备通知两端站、列车调度员及运转车长（无运转车长时通知车辆乘务员），报告停车原因和停车位置，根据需要或运转车长指示迅速请求救援。需要防护时，列车前方由驾驶人员负责，列车后方由运转车长负责（无运转车长时由车辆乘务员负责，无车辆乘务员时由列车乘务员负责）。

（4）车站值班员要认真执行车机联控制度，接到列车驾驶人员区间停车无法启动的通知后，应立即报告列车调度员停车原因和停车位置。

（5）需要救援时，救援机车原则上应从坡底方向救援；救援机车在距被救援列车 2 千米时，运行速度应控制在每小时 20 千米以下，在防护人员处停车；连挂时距停留车 50 米停车，再以每小时 5 千米以下速度挂车；在曲线地段连挂要调整好钩位，钩位不正时不准盲目连挂。挂车、试风、启动时，前后机车必须保持联系。

（6）遇超轴列车在区间坡停，驾驶人员请求救援时，列车调度员必须详细了解列车牵引质量及线路坡度情况，安排合适的救援单机，根据实际情况选择从前部或后部实施救援，尽最大可能减少事故对运输的影响。将超轴列车拉至站内后，应安排合适机型机车牵引列车继续运行。

56. 机车溜逸的预防措施有哪些?

（1）列车或机车在站内停车时，任何情况下，乘务员都必须坚守岗位，确保有人看守机车。

（2）列车在站内停车时，必须实行制动保压停车，并且减压量在 100 千帕以上，以保证列车可靠制动，在出发信号未开放前，不得缓解列车和机车制动。

（3）机车重联时，停车后各机车必须保持单阀全制动，开车前缓解。

（4）停留车待挂时间较长，乘务员必须设置好铁鞋并单阀全制动，精力集中，严禁打盹睡觉。

57. 挤道岔事故的预防措施有哪些？

为预防挤道岔事故的发生，应对调车作业做出以下具体规定：

（1）作业前将计划传达给每个作业人员，在所有人员清楚作业内容后才能开始作业。

（2）变更作业计划时，必须传达至每个相关作业人员。

（3）作业过程中，必须严格执行要道还道制度。

（4）扳道员要及时正确地准备进路，认真执行“一看、二扳、三确认、四显示”制度，严格按照作业计划扳动道岔。完成作业后，要及时恢复定位。

（5）扳道员未准备好进路时，调车人员应及时提醒，调车指挥人不能盲目指挥动车，要做到互控、联控。

（6）扳道员取消进路时必须通知相关人员，不得盲目取消。

（7）调车作业中，调车人员对信号、进路确认好后方准动车。

（8）推进运行时，调车人员必须在列车前端瞭望、观察确认显示信号，确认道岔开通情况牵出时，驾驶人员应对信号、进路进行双重确认，不能盲目牵出。

58. 列车冲突和脱轨的预防措施有哪些？

为防止列车冲突和脱轨，机车乘务员应做到以下几点：

（1）出乘前充分休息、睡眠，出乘后思想集中、精力充沛。

（2）在出段前认真检查机车制动机性能，制动缸活塞行程要符合标准。挂车后，认真进行列车制动机作用试验，严格按照《铁路技术管理规程》的规定，对列车进行全部试验或简略试验。列车在接近长大下坡道区间的车站前应进行持续一定时间的全部试验，驾驶人员要从列检人员处取得制动效能证明书。

（3）开车前，应有两名以上工作人员对行车凭证、出站信号、发车信号进行例行确认和呼唤。

（4）挂车时，确认停留车位置，严格按照十、五、三车距离信号的要求掌握速度。

（5）严格按照信号显示的要求和规定速度行车。遇信号显示不明、不正确、无信号或天气不良导致信号辨认不清时，必须立即停车。严禁臆测行车、超速运行。

（6）信号瞭望困难的车站，应提前采取措施，降速确认信号。进站施行二段制动时，要准确地掌握速度和充风时间。

（7）实行隔时、续行办法行车，跟踪调车或在自动闭塞区间运行的列车，通过黄色灯光的分区信号时，应立即减速，保证在信号机前能够停车。

血的教训

某日 4 时 41 分，北京开往青岛的 T195 次旅客列车运行至山东境内胶济铁路周村至王村间脱线，第 9 节至 17 节车厢在铁路弯道处脱轨，冲向上行线路基外侧。此时，正常运行的烟台至徐州的 5034 次旅客列车刹车不及时，最终以每小时70千米的速度与脱轨车辆发生撞击，机车（内燃机车编号DF11-0400）和第1节至第5节车厢脱轨。事故造成至少72人死亡，416人受伤（其中重伤70人），胶济线上下行中断行车21小时22分，构成铁路交通特别重大事故。

据此次特别重大事故调查组调查的初步结论，此次事故的直接原因是T195次列车超速行驶。事发地点是为了修建胶济客运专线而修建的临时便线上的一个弯度较大的拐弯。该处限速为每小时80千米，而当时T195次列车的速度则达到了每小时131千米。当T195次列车高速过弯时，机车后面第9节至第17节车厢由于离心力过大而脱线，被甩到了外侧的上行线路上。而此时5034次列车恰好经过，由于距离太近未能及时停车，从而导致机车与T195次列车发生碰撞，第1节至第5节车厢脱线倾覆。

59. 铁路工作人员应遵循的安全标准有哪些？

（1）班前禁止饮酒，班中按规定着装，佩戴劳动防护用品。

（2）顺线路行走时，应走两线路中间，并注意邻线的机车、车辆和货物装载状态。严禁在道心、枕木上行走，不准脚踏钢轨面、道岔连接杆、尖轨等。

（3）横越线路时，应“一站、二看、三通过”，注意左右机车、车辆的动态及脚下有无障碍物。

（4）必须横越列车的线路时，应先确认列车暂不移动，然后从通过台或两车车钩上越过，勿碰开钩销，要注意邻线有无机车、车辆运行。严禁钻车。

（5）不准在钢轨上、车底下，以及枕木、道心里坐卧或站立。

（6）严禁扒乘机车、车辆，以车代步。

（7）凡在运行中机车、车辆上作业的人员，都要抓牢站稳。

60. 调车作业中的“十不准”是指什么？

（1）不准未选好地点上下车。

（2）不准超速上下车。

（3）不准迎面上车。

（4）不准反面上下车。

（5）不准在运行中上下内燃电力机车（设有上下车脚蹬的调车机除外）。

（6）不准在车辆未停稳时调整钩位。

（7）不准跨越车辆或骑坐车帮。

（8）不准在棚车顶部或超出车帮的货物上站立、行走。

（9）不准在车梯上探身过远。

（10）不准站在低于站台的车梯上（遇有站台时）。

61. 防止机车、车辆伤害的“五不准”和“五必须”是指什么?

（1）“五不准”

1）不准在铁路上走路。

2）不准在铁路上坐卧休息。

3）不准从车底钻越。

4）不准从“天窗”穿越。

5）不准以车代步。

（2）“五必须”

1）必须遵章守纪、注意安全。

2）过铁路时必须“一站、二看、三通过”。

3）上道作业必须先防护，巡道执行回头瞭望制。

4）邻线来车必须本线下道。

5）必须“车动集中看，瞭望不间断”。

62. 电力机车运行时的安全注意事项有哪些?

电力机车运行中应注意以下事项：

（1）根据列车速度，选择适当的手柄位置。牵引电动机电压、电流不得超过额定值。

（2）解除机车牵引力时，牵引手柄要在接近零位前稍做停留再退回零位。

（3）使用磁场削弱时，要在牵引电动机端电压接近或达到额定值，且电流还有相当余量时，逐级进行。

（4）通过分相绝缘器时严禁升起前后两受电弓，一般不应在牵引电动机带负荷的情况下断开主断路器。按“断”“合”电标，断开、闭合主断路器（装有自动过分相装置除外）。货物列车通过分相绝缘器前，若列车速度过低（速度值由铁路局规定），允许快速退回牵引手柄。

（5）遇接触网故障或挂有异物时，及时降下或升起受电弓。

（6）接触网临时停电或异常时，要迅速断开主断路器、降下受电弓，立即采取停车措施，检查弓网状态。装有车顶绝缘检测装置的机车，驾驶人员要检查确认机车绝缘情况，当机车绝缘装置故障或绝缘不良时，不得盲目升弓。

63. 列车停车时的安全注意事项有哪些?

列车或单机停留时，不准停止柴油机、劈相机及空气压缩机的工作，并应保持制动状态。

（1）进站停车时，应注意车站接车人员的手信号。

（2）货物列车应保压停车，直至发车前出站（发车进路）信号机开放或接到车站准备开车的通知后，方能缓解列车制动。

（3）夜间列车会车时，应将机车头灯灯光减弱或熄灭。

（4）中间站停车时，若有条件应对机车主要部件进行检查。

（5）机车乘务员必须坚守岗位，不得擅自离开机车。

64. 多机牵引时的安全注意事项有哪些?

（1）机车重联后，相邻机车之间连接状态的检查，由相邻机车乘务员实行双确认，共同负责。

（2）机车操纵应由行进方向的前部机车负责。重联机车必须服从前部机车的指挥，并执行有关鸣笛及应答的规定。

（3）设有重联装置的机车，该装置作用必须良好，重联运行时应接通重联线。

（4）电力机车重联运行中，前部机车应按规定鸣示降、升弓信号，后部机车必须按前部机车的指示，立即降下或升起受电弓。

（5）中部、尾部挂有补机的列车，其具体操纵及联系办法由铁路运输主管部门规定。

65. 列车制动时的安全注意事项有哪些?

列车运行中施行常用制动时，应遵守以下规定：

（1）机车呈牵引状态时，柴油机转速应控制在每分钟 550 转左右，或将柴油机牵引电流控制在 1 000 安左右，电力机车的牵引电流控制在 200 安以下。停车制动，自阀减压时，列车产生制动力并稳定降速（时间原则上应控制在 5 秒以上）后，再解除机车牵引力。特殊情况由铁路运输主管部门规定。

（2）自阀减压前，应单独缓解机车，使列车制动时机车呈缓解状态。

（3）制动时，追加减压量累计应不超过初次减压量。

66. 紧急制动阀的安全使用注意事项有哪些?

紧急制动阀又称车长阀，安装在守车或客车内制动管的支管末端上，有手把式与拉绳式两种，是为了列车遇有非常情况而迫使列车紧急停车的安全装置。

紧急制动阀一般情况下不准轻易使用，当遇有下列危及列车和人身安全的情况下方能使用：

（1）车辆燃轴或重要部件损坏。

（2）装载的货物发生突出、脱落、歪塌等。

（3）列车发生火灾。

（4）有人从列车上坠落或线路上有人、障碍物等。

（5）在无任何信号指示的情况下，列车进入不应进入的地段或车站。

（6）其他危及行车和人身安全必须紧急停车的情况。

67. 列车在严寒地区运行时的安全注意事项有哪些?

（1）按职责分工进行交接。接车时，认真了解机车运行、检修情况，办理燃料、耗电和工具、备品交接。接车后，确认列车运行监控装置（以下简称“LKJ”）、机车信号、列车无线调度通信设备等行车安全装备合格证齐全、符合规定，将IC卡（集成电路卡）数据载入LKJ并确认无误。

（2）检查机车有无冻结处，暖气阀是否按规定开放，防寒罩是否齐全。

（3）内燃机车关闭门窗，调整百叶窗开度并装好防寒设施，适时使用非操作端热风机。打开预热锅炉循环水系统截止阀，以防止水管路及预热锅炉冻结。

（4）内燃机车柴油机因故障无法再启动时，要及时放尽柴油机、冷却单节、热交换器及管路内的冷却水。

（5）遇雾、雪等天气受电弓或接触网被冰雪包裹，在站内停留时如发现弓、网产生打火放电现象，则在站内起动列车时，应控制牵引电流不得过大，避免受电弓与接触网间产生拉弧，导致烧网。

68. 使用罐车装运危险货物时的安全注意事项有哪些?

（1）除原油及液体石油燃料和溶剂油类可以使用铁路罐车装运外，其他的液体危险货物应使用企业自备罐车装运，并需征得有关部门同意。

（2）在液体危险货物不会损坏铁路罐车的条件下，经铁路运输主管部门批准，企业可以租用铁路罐车装运。但租用单位应于解除租用前或租用期间交给相关部门检修时，负责将罐车清洗干净。

（3）装运危险货物的企业自备罐车应适合所装的危险货物性

质，企业应按产品的不同性质确定应使用的罐车种类，严禁混装乱用。

（4）液氯、液氨、液体二氧化硫、丙烯、丙烷、丁烯、异丁烯、正丁烷、异丁烷、丁二烯、液化石油气（液化烃）、无水一甲胺、无水二甲胺、无水三甲胺、乙醛必须使用耐压的液化气体罐车装运。

（5）硝酸、冰醋酸必须使用铝罐车装运。

（6）盐酸必须使用有橡胶衬里的钢罐车或特制塑料罐车装运。

（7）甲醇、酒精、纯苯、粗苯、重质苯、甲苯、乙苯、二甲苯、氯化苯、硝基苯、液碱、氨水、煤焦油必须使用无衬里的钢罐车装运。

69. 如何预防列车火灾发生?

（1）加强对电气设备的安全管理：

1）锅炉、茶炉。点火前具体检查各阀门位置是否正确，水位表、温度表是否良好，严禁缺水点火；室内不准放杂物，并要保持清洁，及时消除油污；加煤时检查煤内是否有爆炸物；离人加锁；炉灰应用水浸灭后清除出车外；经常巡视检查；清灰时将灰渣余火彻底熄灭。

2）餐车炉灶。检查储藏室是否有易燃易爆物品，烟囱、炉灶、排油烟罩应定期清除油垢及杂物，燃气、燃油罐与炉灶的间距不得小于 50 厘米；列车运行过程中，严禁在餐车炼油，油炸食品和食品过油时油量不得超过容器容积的 1/3；乘务人员不得使用自备的炉具和电热器具；严禁炊事人员在火源、气源未关闭的情况下擅离岗位；在液化气瓶漏气时，应将其撤离餐车后检查修理，并对餐车开窗通风，严禁在液化气大量泄漏时点火或操作电气开关，严禁在液化气泄漏时用明火检查漏气部位。

3）发电车和车辆电气装置。客运列车出发前和到站后，应对各种电气设备进行安全检查，各种电源配线及裸露在墙板线槽的导线应排列整齐，线头要包扎良好，防止漏电过程中产生火花；各接线端子、接线柱应防止开焊、松动虚接而产生电火花和电弧；各电源保险丝应根据规定配齐，严禁以大代小，以其他金属丝代替保险丝，使电路保险装置失去安全保险作用。列车运行中车厢电源和电气设备必须保持状态良好、清洁，发电车和车厢的配电室内严禁存放物品，配电室离人时应锁闭，严格遵守操纵规程，严禁乱拉电线、乱设电气装置。

（2）整顿列车秩序，严禁“三品”（危险品、易燃易爆品和毒害品）上车。列车在始发站和较大站、重点区段站停靠时乘务员要严格按照制度、方法进行“三品”检查，密切注意乘客随身携带的物品，发现易燃易爆物品时立即依法进行处理。

（3）强化日常消防安全管理，主要包括以下内容：

1）在禁止吸烟的车厢内，要提醒乘客不得吸烟。在允许吸烟的特定地点，要告诫乘客吸烟时将捻灭的烟头和熄灭的火柴梗放在烟灰盒内，不可随手乱扔。

2）要及时对车内进行检查和清扫，避免纸张、碎布片等易燃可燃物品堆积在地板上。提醒乘客将废弃的物品放在茶几上，并及时清除。行李应放在行李架上，不得放在通道上，减少与火种

接触的机会，以免发生火灾妨碍乘客有秩序地疏散逃生。

3）广播室内禁止吸烟，严禁放置易燃可燃物品和其他物品；行李车上要注意检查有无“三品”被带入，并不准闲杂人员搭乘；邮政车上严禁闲杂人员进入，并严禁烟火。

4）经常组织乘务员学习消防安全知识，掌握检查、使用列车内用火、用电设备及灭火器材的技术性知识和方法，真正做到平时能防火，发生火灾时能迅速、妥善、正确处理，最大限度地减少火灾损失。

70. 如何扑救列车火灾？

（1）客运列车火灾扑救

运行中的客运列车发生火灾时，列车工作人员应迅速扳下紧急制动闸，使列车停下，并把车门和车窗全部打开，让乘客从门窗处向车外疏散，或疏散到着火列车两端的车厢内。客运列车在行驶途中或停车时发生火灾，在疏散完人员后，应采取摘钩的方法隔离未着火的车厢，控制火势蔓延。客运列车发生火灾时，应迅速在起火车厢两侧堵截火势，阻止火势向列车前后蔓延，并从外部扑救车厢火灾。

（2）货物列车火灾扑救

货物列车在运行途中发生火灾时，运行车长应及时报告调度室，请示停车位置。货物列车停在车站、货场或编组站内发生火灾时，应将货物列车迅速开到安全的路段，等待消防救援人员前来扑救。可采取分解车厢的方法对货物列车车厢进行疏散。扑救货物列车火灾应查明车厢内货物的种类、物理化学性质，采取相应的扑救方法，防止与水或其他灭火剂发生化学反应而加速燃烧和爆炸。扑救货物列车火灾时，灭火与抢救物资必须兼顾，边灭火边转移物资到安全地带，减少货物损失，并撤离火源附近的可燃物质。

（3）机车火灾扑救

内燃机车发生火灾时，应首先停机断电。柴油机和油箱着火，应使用泡沫或雾状水灭火，并冷却燃油箱，防止发生爆炸。电气部分着火，应使用干粉、二氧化碳等灭火剂和雾状水灭火。电力机车发生火灾时，应首先切断电源，使用干粉、二氧化碳等灭火剂灭火，特殊情况下，也可用水扑救，但必须断电。

（4）轻轨列车火灾扑救

停站列车发生火灾时，列车驾驶人员或站台工作人员应切断列车电源，引导列车及站内的人员从站台出入口有序撤离。消防救援人员应利用站台固定消防设施，使用水枪深入列车内部灭火。必要时，可对列车窗户进行破拆，开辟疏散和进攻通道，并排除烟雾。运行途中发生火灾，列车驾驶人员应尽量将着火列车开至就近站台，先进行疏散，然后切断机车电源，实施灭火。

（5）磁悬浮列车火灾扑救

磁悬浮列车在运行中发生火灾，主要依靠乘务员和乘客利用灭火器实施扑救。如果火势较大，着火车厢乘客应向两端车厢疏散，并迅速放下事故车厢的火灾屏蔽门和两端车厢屏蔽门，通知列车运行控制中心，在列车抵达的下一站做好火灾扑救准备。

第6章 水路交通与运输工伤预防

71. 造成水运工伤事故的原因有哪些?

（1）船舶发生运输事故，船上作业人员处置不及时而引发人员伤亡事故。船舶在航行中发生搁浅、触礁、火灾、沉没等事故，因事发突然，如果相关作业人员没有第一时间做出反应而落入水中，或无法脱离危险空间，极易导致伤亡。

（2）船上安全设备存在缺陷，引发人员伤亡事故。尤其是船舶机电设备、线路设备，上下船舶的挡口、跳板、安全网，以及船舶首尾防护安全栏杆等出现问题时，极易引发安全事故，甚至造成人员伤亡。

（3）作业人员未按规定正确操作相关设备，引发人员伤亡事故。船上绞滩机、发电机、主机的启动、运转、停机过程中，都必须严格遵守安全操作规程，确保作业人员安全。

（4）在水上作业时，未按规定穿着救生衣。船舶在港口码头进行的离靠泊作业，通过浅滩时进行的测深作业，在急流滩进行的绞滩作业，都是在动态中完成的，不可预见性多，风险极大，作业人员一不小心就可能掉入水中引发伤亡事故。

（5）在船上饮酒或饮酒后上船，引发水上人员伤亡事故。由于船上空间有限、船体结构复杂，当人饮酒后，放松戒备，经常发生摔跤或掉入水中的伤亡事故。

72. 常见的水运交通事故有哪些?

（1）船舶碰撞。船舶碰撞是指两艘以上船舶之间发生撞击造成损害的事故。碰撞事故可能造成人员伤亡、船舶受损、船舶沉没等后果。

（2）船体损坏。船体损坏是指因自然或人为因素致使船体造成损坏的事故。

（3）搁浅。搁浅是指船舶搁置在浅滩上，造成停航或损害的事故。船舶搁浅所造成的危害是极其严重的，容易造成船体断裂、污染等次生事故。

（4）触礁事故。触礁事故是指船舶触碰礁石或者搁置在礁石上造成损害的事故。

（5）浪损。浪损也称“非接触性碰撞”，通常指船舶在狭水道航行，因航行速度不当，掀起浪涌致使他船遭受损失的事故。船舶浪损轻则导致船舶、货物、岸坡、河道受损，重则导致船舶搁浅沉没、人员伤亡、岸边建筑受损。

（6）船舶火灾、爆炸事故。船舶火灾、爆炸事故是指因自然或人为因素致使船舶失火或爆炸造成损害的事故。

（7）触损事故。触损事故是指船舶触碰岸壁、码头、航标、桥墩、浮动设施、钻井平台等水上、水下建筑物或者沉船、沉物、木桩渔棚等碍航物并造成损害的事故。

（8）风灾事故。风灾事故是指船舶遭受较强风暴袭击造成损失的事故。

（9）自沉事故。自沉事故是指船舶因超载、积载或装载不当、操作不当、船体漏水等原因或者不明原因造成船舶沉没、倾覆、全损的事故。

（10）进水。进水是指因船体破损、上浪等原因导致水进入船体内影响船舶稳性的事故。

（11）沉没。沉没是指船舶因外界因素使舱内进水、失去浮力，导致货舱或驳船的甲板、机动船最高一层连续甲板浸没 1/2 以上的一种事故状态。

73. 船舶碰撞的预防措施有哪些?

（1）操舵避碰。航道条件较好、视线较清楚、双方会让意图明确、无他船干扰时，可操舵转向避让。

（2）变速避碰。为了有较多时间判断和分析情况，或避免在不易会船地点相遇，通常采取慢车、停车或倒车作为减速避让的主要手段。当来船动态不明时，应立即减速，停车稳航，并认真观察其动向，按规定鸣放声号示警，主动发出会让信号，待双方声号统一后，再采取行动。一般不宜采用加速避碰，除非在紧急情况下，即两船已逼近时，为迅速拉开两船横距或增加舵压力扬头甩尾，以避免或减轻碰撞损害。

（3）转向与变速结合避让。为了达到迅速、安全、可靠的避碰效果，会让中经常同时采用转向变速的措施，这样可以避免采用单一转向或变速措施的不足。

（4）在紧急避让时，除以上措施外，还可用抛锚制动措施来避免或减轻碰撞损害。

（5）船队在必要时可采取驳船帮舵，增加船队转向速度来避免碰撞。

（6）采取避让措施后仍有碰撞危险时的进一步措施：采取避

让行动时应连续观察避让效果，如果碰撞危险尚未排除，则要视当时情况迅速采取紧急补救措施，或加大转向舵角，迅速让开两船距离；立即慢车、停车或倒车减速；避重就轻，采取搁浅、触坡等措施来挽救危局。

74. 船舶搁浅的预防措施有哪些?

（1）船舶停在港口码头、岸边时，要加强 24 小时值班及巡查（尤其是夜间），发现水位下降应及时移动船舶到深水区。

（2）航道管理部门应彻底整治浅滩，加强对浅滩的日常维护，定期对航道进行测量，及时发布水位、流量以及浅滩等航道的变化情况。船员收到信息后，根据航道水深情况合理装载货物，选择正确航路行驶。

（3）航行中注意对航道、水深进行观察，准确判断，选择正确航路。通过浅水区时应以安全航速行驶，充分估算风、水流对船舶漂移的影响。

（4）对不熟悉的航道水深难以估计时，可用高频无线电向已通过该航段的船舶了解情况，或者用小船前往勘探情况，再小心通过，防患于未然。

（5）建立搁浅应急处置预案并加强演练，提高搁浅后的应急处置能力，熟悉相关脱浅办法。

75. 船舶触礁的预防措施有哪些?

（1）对于船舶易搁浅的高风险水域要加强瞭望，保持连续测深，以便及时发现礁浅所在，并谨慎操作。

（2）完善航道图及航行图册等相关资料。航道图、航行图是反映航道状况及指导航行的重要参考资料，应当予以完善并定期更新。

（3）完善助航、导航设施。助航、导航设施是船舶航行的重要依据，驾驶人员一定要看标行船，否则极易发生触礁事故。设备维护人员要加强对助航、导航设施的管理维护，确保其处于正常工作状态。

（4）在能见度不良的条件下航行时应采用安全航速，加强瞭望，谨慎驾驶。

（5）及时维护航标，发现航标灭失、移位或水深异常及其他相关事项，应及时报告航道和海事部门。

（6）加强船舶触礁后应急操纵的学习，掌握相关应急措施，减少事故发生后的损失。

76. 浪损事故的预防措施有哪些?

（1）船舶禁止超载、超航区航行，确保船舶有足够的储备干舷。

（2）提高船舶自身的防浪、抗浪性能。

（3）在航行时保持安全速度。尤其是船舶在会让船舶、排筏以及在经过要求减速的地段、船舶装卸区、停泊区等易引起浪损的水域时，应及早降低航速，拉开与周围船舶、周边建筑的距离，以避免浪损。

（4）预防浪损的最好措施是改变某些特定水域的临界深度，

即疏浚整治航道。

（5）枯水期浅区附近、狭窄水道等水域的码头设施应采取防浪措施。

（6）对松软、易造成侵蚀的沙土河岸应进行防护，修筑河堤，实施护岸工程。

77. 风灾事故的预防措施有哪些?

（1）认真落实大风来临之前的检查措施，掌握船舶在大风浪中航行时的注意事项、操纵要点以及锚泊时的防风措施。

（2）按时收听天气预报，保障通信畅通，随时听取有关的防风指示。

（3）在强风多发季节，船舶驶经突发季风航段之前，根据实际情况，可选择安全地点锚泊。

（4）加强水文气象知识学习，提高船员的技术素质，认真总结、积累实践经验，不断学以致用，提高抗击自然灾害的能力。

（5）提高安全意识，不超载、不超速、不冒风航行。

78. 船舶火灾的预防措施有哪些?

（1）禁止在机舱、货舱、物料间或储藏室内吸烟，禁止在卧室内躺着吸烟。禁止装卸货或加装燃油时在甲板上吸烟。

（2）吸烟时，烟头、火柴杆必须熄灭后投入烟缸，不能乱丢或向舷外乱扔，不准扔在垃圾桶内；离开房间时应随手关闭电灯和电扇等电器；风雨或风浪天气应将舷窗关闭严密，航行中禁止锁门睡觉。

（3）必须集中保管的易燃易爆物品，不准私自存放，禁止任意烧纸或燃放烟花爆竹，严禁玩弄救生信号弹。

（4）禁止私自使用移动式明火电炉，使用电炉、电水壶、电熨斗、电烙铁等电热器具时必须有人看管，离开时必须拔掉插头或切断电源。不准擅自接拆电气线路和电器，不准用纸或布遮盖电灯，不准在电热、蒸汽器具上烘烤衣服、鞋袜等。

（5）废弃的棉纱头、破布应放在指定的金属容器内，不得乱放；潮湿或油污的棉毛织物应及时处理，不准堆放在闷热的地方，以防其自燃。

（6）货舱灯必须妥善维护，使用时要检查灯泡及护罩，如有损坏应及时换新；货舱灯电缆要通畅，防止被他物压坏，使用后应放在指定地点妥善保管。

（7）明火作业须经船长同意（港内必须经管理部门批准），作业前须查清周围及上下邻近各舱有无易燃物，特别要查明焊接处是否通向油舱。当进行气焊作业时，要严防“回火”，避免事故，须派专人配备消防器材在旁监护。作业完毕后，要仔细检查有无残留火种，有无复燃可能。

（8）油轮货油泵间必须保持清洁，不得堆放杂物，污油应经常清除。货油泵要定期检查，并应按规定进行注油。装卸期间，油泵操作人员或轮机员不得擅离值守。

（9）严格遵守与防火防爆有关的安全操作规程和其他有关规定。当发现不安全因素时，每个船员均有责任及时报告上级；对违章行为，人人有责任及时制止。

79. 船舶发生碰撞后的应急措施有哪些?

（1）本船船首撞入他船船体时应采取的措施：不论在撞入前是进车或者已采取倒车措施，撞入后，在不影响本船安全的情况下，首先要开微速进车顶住被撞船，待被撞船采取防水应急措施，并征得同意之后方可倒车脱出。脱离后，应滞留在附近，一方面检查本船受损情况，另一方面随时准备给予对方各方面的救援，当确信对方已脱离险境可以继续航行时，本船方可离去。

（2）本船船体被他船撞入时应采取的措施如下：

1）应尽可能使本船停住，避免前进或后退，以减少进水量。

2）关闭破洞舱室前后的水密装置，当各项堵漏器材准备妥善后，方可同意对方倒车脱出。

3）碰撞发生后，驾驶人员应亲率水手到现场检查船体破损程度及邻近舱室损伤情况，并立即向船长报告。

4）为保护破损部位及便于进行防水堵漏作业，应操纵船舶使破损位置处于下风侧。

（3）防止漏水及堵漏的措施如下：

1）当破损部位确定后，应立即关闭邻近舱室的水密门窗，采取堵漏措施，并通知机舱排水。

2）碰撞的破损部位多数位于舷侧水线附近，破洞较大时，需用堵漏毯在舷外紧贴洞口以限制其进水。

3）破洞舱室大量进水，必须对进水邻近舱壁进行加强，以防止水压过大造成舱壁破损而波及邻舱。

80. 搁浅或触礁的应急措施有哪些?

（1）航行中发现船舶即将搁浅或触礁时应立即停车，并尽可能抛锚。抛锚可以固定船位，并可利用收绞锚链配合倒车脱浅。

（2）搁浅、触礁后应立即了解损坏和进水情况，立即报告上级公司，如实详细地记载航行日志，与船公司及相关部门保持联系，以取得指导及援助。

（3）了解船舶当前状态，判断可否立即动车脱险。不能自行脱浅时，船长要及时申请救援，利用外力协助船舶脱浅。内河搁浅能够很快获得外力脱浅救援。内河搁浅一般不存在候潮问题，但为防止流沙作用导致搁浅程度进一步加重，应及时采取行动。

（4）船舶发生严重横倾，可请示船长放下高舷救生艇，以防过度倾斜后无法放艇。放下高舷救生艇的目的是便于弃船时使用。

（5）船舶搁浅后，搁浅船舶应按规定显示号灯号型，夜间需亮锚灯和垂直悬挂两盏红灯，白天垂直悬挂三个黑球。

（6）收听近期天气预报，力争在天气变坏前救船脱浅，否则应立即采取措施，防止因风、流、浪的影响使船舶搁浅更加严重。

（7）积极采取措施，保护船体，防止船舶受到风、流、浪的影响而造成船体破损。在利用锚链和缆绳固定船体时，应充分利用陆地上的建筑、树木等条件。

81. 船舶发生火灾后的应急措施有哪些?

航行船舶发生火灾后应立即自救灭火，并寻求援助。船舶火灾发生后应采取的扑救步骤：发出火警、寻找火源、隔绝火场、展开扑救。扑救船舶火灾的一般原则可归纳为以几点：

（1）在航行中的船首先要减速并改变航向。根据风向和着火部位，结合航道情况迅速将船调整到适当方向。减速可减小舱内空气流动，改变航向可以使着火部位背风或将火焰吹向舷外，有利于各项灭火行动的开展。

（2）先控制，后灭火。充分利用现有设施控制火情，阻止火灾蔓延。对着火点附近的易燃易爆品采取隔离、冷却等措施，防止其被引燃发生二次灾害。火情得到控制后应继续检查并灭火，彻底扑灭余火。

（3）火灾发生后优先抢救被困人员，救人先于灭火。

（4）火灾发生后立即向消防部门报告船的方位，报告的位置应准确可靠，便于消防人员赶来救援。

（5）救援过程中应充分考虑船舶稳性和浮性。射水灭火前应有预设或在灭火期间采取排水措施，保持船舶的稳性和浮性。

（6）灭火没有希望时，应抢滩或弃船。

82. 船舶靠泊时的安全注意事项有哪些？

（1）控制速度。船舶驶靠码头时控制速度是关键，在保持舵效的基础上，减慢航速。控制速度应注意以下几点：

1）掌握好慢车、停车时机。船舶慢车和停车时机应根据船舶装载情况、船舶冲程，结合当时当地风流方向和速度，以及本船倒车功率确定。

2）船抵码头下端位置是控制速度的关键。可根据码头物标移动速度来判断航速的快慢，如发现航速较快，可预先用倒车抑制。

3）吹开风较强时，为防止风压，航速应稍大。

4）码头边的流速比航道中稍缓慢，由航道中淌航至码头边时，会发觉航速较大，对此应有所估计。

（2）摆好船位。一般情况下，船舶驶靠码头的船位，通常是指慢车停车时的船舶位置，用纵距和横距来衡量。

1）纵距。纵距是指靠泊船的船首在停车淌航时至泊位上端点的纵向距离。一般情况下，纵距约为2~3倍船长，视风流情况及船舶冲程大小做适当调整。

2）横距。横距是指靠泊船的船首在停车淌航和驶抵泊位时，正横外距码头外缘线的垂直距离。停车淌航时，船至码头的横向距离，视在风流的影响情况下选定船舶与码头夹角的大小确定，夹角大则横距适当放宽，夹角小则横距适当缩小。在风流影响不大的情况下，以泊位中点为例，一般为 1~2 倍船宽；吹开风时，横距适当缩小；吹拢风时，横距适当增大，一般为 3~5 倍船宽。

3）下行船舶应掌握好掉头位置，以便掉头结束后的船位恰到好处。

（3）调整好驶靠角。驶靠角是指船舶行驶靠向码头时，船舶首线与码头外缘线之间的夹角。

1）重载船在急流港口顶流驶靠时，靠拢角度宜小，以降低驶靠横移速度，减轻船舶向码头或趸船的驶靠力。

2）空船、缓流或吹开风时，驶靠角宜大，以减轻风致漂移，并保证有足够的驶靠速度。

3）嵌挡驶靠时，应使船舶到达泊位挡子正横外处，使船身与码头边缘线接近相平行。

4）在困挡水水域内驶靠码头或趸船时，应将船首略向外扬，以减小船舶首尾线与流向间的夹角。船舶在淌航过程中，反复调整驶靠角至最理想的情况，是使船舶接近平行地贴靠码头的关键。

5）淌航前进中，应不断调整风流压差，并减小船舶与风或流的夹角，从而获得较好的驶靠角。

6）船驶近码头时，力求平行靠拢，前后位移应用缆、车、舵配合，调整适当。

83. 船舶离泊时的安全注意事项有哪些?

（1）确定开首或开尾

1）确定开首的条件。开首（或称扬头）就是使船首先离开码头，开首的基本条件：无风、顶流吹开风、首吹拢风、泊位前方无障碍物，以及螺旋桨及舵不会触及码头。此时，可采用开首驶离。

2）确定开尾的条件。开尾即使船尾先离开码头，开尾的基本条件：尾吹拢风，落潮靠涨潮开或涨潮靠落潮开，顺流靠及船尾的螺旋桨、舵可能触及尾后停泊船舶等。此时，可采用开尾驶离。

（2）掌握驶离角

驶离角的大小直接影响船舶驶离操纵的安全。如果常流和船首前方的水域比较清澈，那么开首驶离的角度可以小一点；如果船首前方有他船靠泊或者有吹拢风时，那么开首驶离的角度应该大一些。开尾驶离角的大小和角速度的快慢，关系到下一步的操纵。顶流靠泊船，若开尾速度太小，则当船首扬出时，船尾可能甩回码头；若开尾驶离角太大，可能使船首扬不出来。顺流靠泊船，开尾驶离角太大，可能使船身打横。

（3）控制船舶的前后移动

一般系泊挡子前后活动余地有限，要求用车不能过大；船舶的前后移动应靠滞、溜缆绳和车、舵来控制；在驶离码头时，应考虑船舶前、后及外挡的余地。

（4）防止系缆绞缠螺旋桨

解缆时应尽快收进，特别是尾部系缆，要求船尾和驾驶室之间取得密切联系，在尾缆未收清前切勿动车。在双螺旋桨的船上，为防止系缆绞缠桨叶，一般应先动外舷车。

84. 船舶抛锚操作时的安全注意事项有哪些?

（1）选择水深适宜的锚地。锚地水深应根据船舶吃水、船舶配链长度、锚机功率、锚地水域波高等因素选择适当水深。

（2）选择河床底质良好的锚地：

1）河床底质与锚的抓力密切相关，一般软硬适度的泥底、沙底和黏土质的泥底抓力最好，其次是泥沙混合底，软泥、硬泥较差，砾石、卵石底的抓力最差，石底不宜抛锚。

2）河底地势以平坦为好，尽量避免在河底陡坡处抛锚，坡度过陡，将影响锚的抓力，容易发生走锚事故。

（3）选择风、浪、流等作用力小的锚地。锚地的流速平缓，流向稳定，能减小船体所受的水动力和避免锚泊船舶发生偏荡，增大锚抓力，从而减少走锚事故的发生。

（4）锚地应选择在可以避风和防浪的地方。一般应选择上风岸或尽可能靠上风位置，或具有天然屏障的水域抛锚。

（5）有足够的回转余地。回转余地应根据锚地底质、锚泊时间长短、附近有无障碍物及水文气象条件等综合考虑后确定。

（6）抛锚地点应让出航道，避免遮蔽助航标志；远离装卸危险品码头和水底电缆、沉船、礁石等障碍物，以免发生事故；锚泊水域附近应有良好的定位条件。

85. 船舶在内河航行和停泊时，应遵循的安全规定有哪些?

（1）船舶在内河航行时，应当保持瞭望，并采用安全航速航行。船舶的安全速度应当根据能见度、通航密度、船舶操纵性能和风、浪、水流、航路状况以及周围环境等主要因素决定。使用雷达的船舶还应当考虑其特性、效率和局限性。

（2）船舶在限制航速区以及汛期应当按照海事管理机构规定的航速航行。

（3）船舶在内河航行时，对来船动态不明、声号不统一或者遇有紧迫危险时，应当减速、停车或者倒车，防止碰撞。

（4）船舶相遇，各方应当注意避让。按船舶航行规则应当让路的船舶，必须主动避让；被让路船应当注意让路船的行动，并适时采取避让措施，协助避让。

（5）船舶航行、避让和信号显示的具体规定，由国务院交通主管部门制定。

（6）船舶进出内河港口，应当向海事管理机构办理船舶进出港签证手续。

（7）从事货物或者旅客运输的船舶，必须符合船舶强度、稳定性、吃水、消防和救生等安全技术要求和规定的载货或载客条件。任何船舶不得超载运输货物或者乘客。

（8）船舶在载运或者拖带超重、超长、超高、超宽、半潜的物体，必须在装船或者拖带前 24 小时报告海事管理机构并采取必要的安全措施。需要护航的，应当向海事管理机构申请护航。

（9）船舶应当在码头、泊位或者依法公布的锚地、停泊区、作业区停泊；遇有紧急情况需要在其他水域停泊的，应当向海事管理机构报告。

（10）船舶停泊时，应当显示规定的信号，不得妨碍其他船舶航行、停泊或者作业的安全。

（11）船舶停泊时，应当留有足够的船员值班。

86. 在船上从事上高、舷外作业时的安全注意事项有哪些?

上高作业是指在工作基面 2 米以上的桅杆、吊柱、吊货设备、上层建筑和烟囱外部、空货舱或机舱的顶部或高处舷墙作业。

舷外作业是指在空载水线以上的船体外部作业。

甲板和机舱操作人员必须遵守有关操作规程。作业部门的值班高级船员对人员作业安全负责，应加强巡查、监督、指导，必要时命令暂停作业并报告船长或部门长。

甲板船员在完成上高、舷外作业时必须遵循下述规定，机舱人员的舷外作业必须在甲板船员配合下进行。在作业时要注意：

（1）航行中禁止舷外作业。船身晃动明显时，如无特殊需要，禁止上高作业。

（2）从事上高、舷外作业应选派身体和技术条件适宜的水手，并由水手长在现场指挥；作业前，应向全体作业人员说明工作内容和安全注意事项，必要时应进行操作示范；作业中要胆大心细、谨慎操作、相互照顾、确保安全。

（3）作业前必须对作业用具如系索、滑车、座板、脚手板、保险带、绳梯等严格检查有无损伤或内蚀，绝对禁止在不安全状态下使用。

（4）上高或舷外作业时必须做到以下几点。

1）系好保险带。

2）工具放在工具袋（桶）内或用细绳系住。

3）拆装的零件安放在专用的布袋或桶内。

4）上下运送物件时禁止掷抛。

5）禁止一手携物，另一手扶直梯上下。

6）应派专人在现场照顾配合。

（5）上高作业时还应注意以下几点。

1）梯壁无损伤。

2）高空作业下方一定范围内禁止人员通过或作业。

3）现场照顾人员应戴安全帽。

4）座板升降绳下端绑固于甲板固定物。

5）保险绳和座板升降绳分开系固。

6）在舱口上高作业时应先将舱盖板全部盖好。

（6）舷外作业时应注意以下几点。

1）作业前检查保险带和脚手板系绳是否系牢，保险带和底板（脚手板）绳分别系固于甲板不同固定物，每块脚手板上的作业人员以两人为限。

2）如在浮具（工作筏）上作业，船上应挂慢车信号；浮具两端系缆应有专人照料，并通知作业人员防范过往船只的波浪；浮具上应备有救生圈，作业人员应穿好救生衣；作业人员应从绳梯上下，禁止随浮具升降。

3）舷外除铲油漆前，应先了解港方有关防污染规定。

87. 在船舶上进行明火作业时的安全注意事项有哪些?

明火作业是指电焊、气焊作业，以及喷灯或其他有明火的作业。在船舶上进行明火作业，必须遵循以下安全注意事项：

（1）船上进行明火作业，须由部门长事先填写书面申请，经轮机长同意后报船长审批。

（2）部门负责人负责明火作业实施过程中的检查、监督和指导，保证明火作业安全进行。

（3）明火作业人员必须经过培训，持有合格操作证书。至少指定一名作业监督员负责监督和防护。

（4）作业前监督员必须认真进行安全检查。

（5）作业前应清理作业场地，移去易燃易爆品，除去油类、油漆、棉纱，保持通风良好，确认作业区下方无电缆通过，附近无忌热仪器设备。

（6）油舱附近作业必须清理油脚和清洗油舱，彻底通风。经测爆，油气浓度在爆炸下限的 10% 以下时方可作业。

88. 在进入密闭空间作业时的安全注意事项有哪些?

（1）应固定密闭空间内管路上的阀门，以防止阀门意外打开对人员造成伤害。

（2）在进入密闭空间前，要进行彻底通风。

（3）进入密闭空间前，要检测密闭空间的含氧量，爆炸气体和有毒气体的浓度要在安全标准以下。当满足氧气含量为 21%，爆炸气体含量小于爆炸下限的 1%，有毒气体的含量小于允许的暴露值时，方可进入密闭空间作业。

（4）在密闭空间作业时，要保证连续的通风，同时要持续监测空间的含氧量，当含氧量低于 18% 时，作业人员应及时撤出。

（5）在密闭空间作业时要保证足够的照明。

（6）要在密闭空间的入口处准备救助及氧气复苏设备，以备应急使用。

（7）应安排人员在密闭空间的入口处随时准备救援。

（8）应配备并测试密闭空间外的人员和进入密闭空间的人员的通信设备。

（9）在进入密闭空间作业前应制定并告知作业人员应急和逃生程序。

（10）如实记录进入密闭空间作业的人员名单。

（11）船舶停靠在港内时，应得到港方的批准，方可进行作业。

89. 在船舶上进行喷砂或者使用机械动力工具作业时，应遵循哪些安全注意事项？

在船上进行喷砂或者使用机械动力工具作业时，可能会产生火花，引发事故。为避免事故发生，应遵循以下安全注意事项：

（1）作业地点应确保没有油气释放或不积存可燃气体，并应没有可燃性物质。

（2）作业地点应除气，用可燃气体指示仪测得的读数应不超过 1% 的着火下限浓度。

（3）船舶沿终端站停靠时，不应使用机械工具，除非获得终端站代表的明文许可。

（4）在进行喷砂或使用机械动力工具时，船舶不得进行装卸燃油、加燃料、压载、洗舱、除气、驱气或充惰性气体作业。

（5）必须布置足够的消防设备，并确保完好。

（6）喷砂机的料斗和软管喷嘴应加以电气接合并对甲板或者被施工的设备接地。

（7）进行喷砂或除锈时存在着洞穿管壁的危险，在进行这种作业时必须特别小心。在对甲板货油管路施工之前，管路内应经过冲洗，下舱管阀门应关闭，舱底管路应用水充满。施工部分管内的空气应确认已经惰化、氧气含量体积比低于 8%，或者已经除气达到不超过 1% 的着火下限浓度。对于惰气系统和原油洗舱系统的管路，应相应地采取类似的预防措施。

90. 在船上进行去漆、喷漆作业时的安全注意事项有哪些?

（1）油漆可能包含有毒或刺激性物质，没有制造商信息的油漆一般不要轻易使用。

（2）有些油漆干燥是通过油漆溶剂的蒸发，该过程可能产生易燃或有毒蒸气，所有内部或封闭空间在上漆和油漆干燥期间都要良好通风。

（3）上漆过程中不得吸烟，不得动用明火，直到油漆完全干透为止。

（4）当混合两组（两种成分）油漆时，由于发生化学反应可能发热和产生烟雾，应特别注意。

（5）化学除锈器具有腐蚀性，要特别小心保护眼睛和皮肤。

（6）存放油漆或油漆设备的空间要求良好通风。

91. 进入油舱作业时如何预防石油气中毒?

（1）当量油或取油样时，人员应侧对风向站立，头部偏离舱口，以免吸入石油气，工作完毕后立即关闭舱口。

（2）若皮肤上不慎沾染石油，应尽快擦净，并用肥皂、清水和专用清洁剂清洗。使用棉纱破布擦拭油污后，不可将其放入衣袋内。

（3）应尽可能穿干净的工作服，特别是内衣、内裤不得有油污，每天工作完一定要淋浴。

（4）已除气的油舱还有可能再产生油气，在油舱中工作时，应随时对油气浓度进行监测。

（5）进入油舱工作要佩戴呼吸器，无论舱内温度有多高，决不可“赤膊”和暴露皮肤。

92. 使用船舶装运危险货物时的安全注意事项有哪些？

（1）应根据危险货物的特性选用恰当的装卸机具。装卸爆炸品、放射性物品、一级毒害品、有机过氧化物时，装卸机具的负荷不得超过额定负荷的 75%。

（2）应根据危险货物的性质和状态，在船与船之间或船与岸之间设置安全网；装卸人员须穿戴符合要求的防护服。

（3）夜间作业时，应使用防爆型灯具，供给足够的照明。

（4）船方应保证船上作业环境的安全性。作业场所若被有毒有害品、放射性物品污染，或有易燃易爆气体或液体泄漏，应清除和通风，并经检测证明污染和危害消除后方可作业。

（5）危险货物装卸期间，不得进行加油、加水（岸上管道加水除外）、除锈作业；卸爆炸品时，不得使用和检修雷达和无线电发射机。

（6）装卸易燃易爆危险货物应划定禁火区，即使是作业人员也不得携带火种或穿带铁钉的鞋进入作业现场。

（7）雷鸣、闪电或装卸作业现场附近发生火警时，应立即停止作业，不得在雨雪天气装卸遇湿易燃物品。

（8）严格按照积载图装卸危险货物，稳拿轻放，稳固堆码。

（9）爆炸品、有机过氧化物、易燃液体、有毒有害品和放射性物品，原则上应最后装，最先卸。若未经中途港当地海事机关批准，不得在装有爆炸品的舱室加载其他货物。

（10）高温季节，应谨慎安排对温度敏感的危险货物的装卸，避免阳光直接暴晒。

（11）载有液体货物的可移动罐柜的装卸，应避免剧烈晃动，防止产生静电发生危险。

（12）装有危险货物的集装箱，应在规定地点拆装，并事先按规定采取安全措施。

（13）按规章制度显示装卸危险品信号。

（14）接受主管机关的监督，必要时应按其要求及时停止作业。

第7章 航空交通与运输工伤预防

93. 造成航空事故的主观原因有哪些?

（1）个别机组成员缺乏社会责任感，漠视飞行规则，行为轻率出现失误。

（2）机组资源管理不当，飞行员飞行技能不达标，紧急情况判断抉择有误造成错误操作。

（3）通信导航系统故障，机场空管人员指挥失误，发生进近与起飞空中碰撞。

（4）某些部件存在老化锈蚀、裂纹孔隙、疲劳损坏，长期得不到维修或维修不当；飞机结构叶片状或分层状剥离腐蚀、纤维状腐蚀、电蚀腐蚀，导致螺旋桨、机翼、尾翼故障等。

（5）对航空器进行推脱时观察不仔细，与场内设备、设施相碰撞；乘客在登、离机过程中，因摆渡车、廊桥、客梯等故障引发伤亡；泊位信息错误导致飞机停放不当，受到邻近飞机尾流影响；标志设置不当、引导飞机不当；机坪车辆、人员与飞机抢行等。

（6）过载失速，飞机控制系统故障，发动机传动操作系统失灵，起落架系统故障、液压系统故障导致机身断裂、轮胎爆炸等。

（7）安检不严，个别乘客携带易燃易爆危险品、凶器上飞机，发生劫机和恐怖袭击等。

（8）乘务组（员）对乘客管理不当，乘客违规使用手机，擅自打开舱门、打架、吸烟等。

（9）飞机设计不合理。机械部件在运行时发生短路、脱落、断裂等现象。

（10）飞行物干扰。机场一般位于城市郊区，周边是比较空阔的地带，有人喜欢到机场附近放风筝，飞翔的风筝容易干扰驾驶人员的视线，若风筝被卷入引擎，航空事故甚至灾害的发生将难以避免。

（11）烟雾、烟花影响。很多机场的周边是农村，收割季节机场周围农民烧秸秆、稻草、树叶等，燃烧时产生的滚滚浓烟会降低机场周围的能见度，阻碍飞机安全降落，造成严重威胁。

94. 造成航空事故的客观原因有哪些？

（1）大雾阻碍机组人员视线，造成机组人员错觉，容易误撞高大建筑物和山体树木等。

（2）轮胎爆破，起落架、发动机支架在起飞过程中突然断裂等。

（3）气候原因。航空飞行安全必须考虑自然环境中地形、地貌、风雨、雷电、温度等因素对安全生产的影响。常见的影响飞行安全的气候有风切变、雷雨天气、大雾天气、吹雪、结冰等因素。

（4）鸟害。鸟害是指飞机在飞行过程中与飞行中的鸟类发生相撞，引起飞机机械损伤、动力装置受损，进一步引发飞机失去控制的事件。如果鸟群被飞行中的发动机吸入，可致发动机进气道堵塞或者风扇叶片折断，导致发动机空中停车、失火或飞机失控；在起飞和进近阶段造成飞机起飞中断，偏出、冲出跑道，甚至造成航空器坠毁的严重事故。

（5）政治环境、经济环境、战争因素等。

95. 飞机失事前的征兆有哪些？

（1）机身剧烈颠簸。

（2）飞机飞行高度急剧下降。

（3）舱内出现烟雾、火焰。

（4）舱外出现黑烟。

（5）发动机关闭，一直伴随着的飞机轰鸣声消失。

（6）在高空飞行时发出巨响，舱内尘土飞扬，机身破裂，舱内突然减压。

96. 飞机遭遇剧烈颠簸时的安全注意事项有哪些?

飞机遭遇剧烈颠簸时，机组成员要做到：

（1）立即坐在最近的座位或者乘务员座位上，系好安全带和肩带。

（2）通过乘客广播系统指示乘客系好安全带。

（3）以人身安全为重，不要试图固定厨房的松散物品。

（4）如果在一段时间之后没有颠簸发生而“系好安全带”指示灯依然亮着，则客舱乘务员可以主动与驾驶舱机组联系，以确定下一步工作内容。

乘客要做到：

（1）听从乘务员的安全指令，迅速回座位坐好，系好安全带，停止使用卫生间。

（2）不要在飞机颠簸时打开行李舱去拿行李，谨防被跌落的行李砸伤。

（3）如果来不及回到座位，应立即蹲下，降低身体重心，抓住旁边固定的凸起物，例如座椅扶手、脚柄等。

（4）如果乘客正在用餐、饮水，特别是热饮，应立即把餐饮放置于地板上，谨防被烫伤。

（5）如果已经被甩出座位外，不要试图起身，谨防二次颠簸。此时可趴在地板上，抓住距离自己最近的固定物。

97. 飞机紧急迫降时的安全注意事项有哪些?

（1）系紧安全带。应尽可能束紧安全带，以减少身体移位，避免被抛向机舱顶部或碰到其他物件。

（2）采取应急安全坐姿。在事故发生的瞬间，坐姿正确与否关系着救生效果。紧急迫降时，速度变化大，应采取应急安全坐姿，可以减少碰撞，防止受伤。

（3）打开遮阳板。这样可以保持良好的视线，以确保乘客可以在紧急状况发生时察看机外的情形，以决定向哪一个方向逃生。

（4）摘下尖锐物件。摘（脱）下眼镜、项链、戒指、假牙和高跟鞋，口袋里的尖锐物件如手机、钢笔等也应该拿出，以免划破应急滑梯。

（5）戴上氧气面罩。若客舱失去气密或遇其他缺氧情况，按照氧气面罩的操作方法迅速戴好氧气面罩。

（6）穿上救生衣。水上迫降时，应按照乘务人员的提示，迅速穿上救生衣。切忌在走出机舱前吹起救生衣，以免难以出舱门。

（7）撤离飞机。着陆后，乘客应听从机组人员统一指挥，按照撤离路线迅速撤离。未经机长允许，机组任何人员不得擅自离机。机长应保护好飞机文件，最后一个撤离飞机，并尽可能在离机前完成客舱巡视。

知识学习

为什么在飞机紧急迫降时要做好防冲撞的姿势？

因为人在受到冲击时，会迅速前倾而撞上物体，这种防冲撞姿势能减小四肢以及头部动作的距离，可以有效地防止冲击发生时腿部因摆动而被撞伤，并减少头部受重伤的危险。

根据英国每日电讯报的报道，很多人对防冲撞姿势有不同的看法，英国航空训练长史蒂夫·欧瑞表示，目前许多航空公司采用的防冲撞姿势确实拯救过无数生命。英国最近一次针对防冲撞姿势的改良根据的是1989年英伦航空空难后机舱的研究结果。这起空难造成机上126位乘客中47人不幸罹难、74人重伤，因此航空公司于1993年公布了由诺丁汉大学和HW结构顾问公司（Hawtal Whiting Structures）研究的新的防撞姿势。

澳洲民用航空局曾经引用过这样一个事件：一架载有 16 名乘客的双引擎飞机坠毁，当时，大部分人都在睡梦中，这次意外只有一位幸存者，他当时是醒着的并且采取了防冲撞姿势。

英国的 Channel 4 节目进行过一个实验，一架客机故意坠毁在墨西哥的索诺兰沙漠，机舱里面有三个事先安排好的假人，以不同的姿势摆放，第一个以防冲撞姿势摆好并系上了安全带，第二个只系了安全带，第三个既没有系安全带，也没有做好防冲撞姿势。专家后来的结论是第一个假人得以在撞击中存活，第二个假人可以活下来但头部会因严重撞击而受伤，第三个假人将会罹难。

98. 防止飞机撞鸟的措施有哪些?

（1）了解鸟类习性。鸟类活动一般在 900 米以下，900 米以上多为迁徙鸟所飞的高度。所以在较高的高度上飞行被鸟击的可能性会更小。

（2）掌握鸟类活动规则。每年的三、四和九、十月份是鸟类迁徙的时间，在规划飞行路线时要避开鸟类迁徙区域。

（3）空管人员发现险情及时报告。当空管人员在收到飞行员报告的鸟情后应及时向其他飞机通报，避免指挥飞机以低高度飞入已知的鸟情区。机组收到消息后要预先做好准备，同时了解飞机场在进离场和主路中以及计划的所有备降场的有关鸟情的通告，避免飞入已知的鸟类活动区。

（4）机场采取驱鸟措施，如放炮、声波驱鸟等手段，并及时移走机场周围能吸引鸟类的物品，加强机场及临近地区生态环境治理工作，避免附近有垃圾场。

（5）飞行人员要遵守规定。飞行人员应遵守飞行程序和规定，在 3 000 米以下打开着陆灯，这样能有效防止鸟击事件发生。

（6）合理降低飞行速度。有些机组为了尽快赶到目的地，飞行速度超过规定速度。在相同情况下，如果在相同高度上飞机撞击的鸟质量相同，不同飞行速度的飞机受到撞击时承受的能量差别巨大。

99. 飞机起飞前要进行的应急设备检查项目有哪些?

客舱乘务员登机后，必须检查核实应急设备的位置，确认其处于待用状态。

（1）应急箱、应急医疗箱在有效期内，铅封完好。这类药箱的作用是飞机发生应急情况时对受伤者进行处理。

（2）灭火器在有效期内，铅封完好，压力正常。飞机上一般配有海伦和乙二醇水两种灭火器，分别装在客舱的不同位置。海伦灭火器主要用于电器、油类失火，一般安放在厨房附近。

（3）氧气瓶压力正常，面罩完好且匹配。这类氧气瓶是指可以移动的氧气装置，分别放在前后服务舱及客舱行李架上。对于活动氧气瓶，在客舱释压情况下乘务员首先保障自己使用，再帮助乘客，或者是空中有乘客发病需要吸氧时使用。

（4）检查洗手间烟雾探测器是否在工作状态。洗手间装设烟雾探测器是为了在洗手间冒烟失火的情况下发出警告，避免可能引起的火灾。

（5）检查各个舱门状况是否正常，确保滑梯压力指示针在绿色区域内。

（6）检查确认手电筒在指定位置，工作状态良好。

（7）延伸跨水飞行时，确保救生设备齐全，每位乘客座位下备有救生衣。

（8）所有演示设备配备齐全。

（9）安全须知说明配备齐全。

（10）检查乘务员控制面板的翼上应急滑梯的指示是否处于预

位状态。

（11）应急发报机在指定位置。

（12）加长安全带在位且按规定数量配备。

100. 飞机移动前的安全检查项目有哪些?

（1）电子设备的电源置于关闭状态。

（2）乘客就座并系紧安全带，儿童也应系紧安全带或由成人抱好。

（3）对于无人就座的空座位，客舱乘务员应将其座位上的安全带固定好。

（4）行李物品存放妥当，通道、应急出口处不得摆放行李物品，行李架关闭并锁好。

（5）小桌板及饮料杯托收直扣好，座椅背处于垂直位。

（6）乘客座位上无饮料杯、餐具等杂物。

（7）门帘、窗帘打开并固定。

（8）打开遮光板。

（9）行李架扣紧。

（10）确保应急出口、走廊过道及座位等附近无任何大件行李。

（11）洗手间无人占用并锁闭。

（12）固定好厨房餐具、餐车及供应品。

（13）确认烤箱、热水器、厨房灯等电器的电源关闭。

（14）报告机长客舱准备完毕。

101. 飞机滑行起飞前的安全检查项目有哪些?

（1）乘务组在确认所有客舱安全检查项目全部落实后，注意观察客舱情况，如果发生影响安全的异常情况，要及时报告机长。除为了完成保障飞机和机上人员安全的工作外，客舱乘务员应当在规定座位上坐好并系好安全带和肩带。

（2）在驾驶舱给出起飞信号且离起飞时间只有一两分钟时，乘务员必须完成客舱安全检查及各种设备的固定并调暗客舱灯光，及时进行起飞前再次确认的广播，同时注意观察客舱情况。如果发现有乘客在客舱内站立或打开行李架，必须立即用广播提示乘客尽快坐下并系好安全带。

（3）飞机起飞落地是飞行关键阶段，客舱乘务员应在各自的座位就座，不能看书报杂志、聊天或者进行与飞行安全无关的事情。

102. 飞行关键阶段的安全要求有哪些?

飞行关键阶段是指飞机在地面运行阶段的滑行、起飞、着陆和除巡航高度飞行外在 3 000 米以下的飞行阶段。

（1）飞行关键阶段对客舱乘务员的要求如下：

1）当飞机起飞后，乘务员广播提示乘客，在飞行全程中就座时要系好安全带。

2）飞机在空中飞行有时会遇有气流引起颠簸，乘客系好安全带可以避免突然颠簸而受到伤害。

3）在飞机起飞爬高阶段，“系好安全带”指示灯熄灭前，乘务员不允许进行客舱服务工作。

（2）飞行关键阶段的驾驶舱要求。飞机机组成员不得从事或者承担任何与飞行安全运行无关和可能分散飞机机组其他成员工作精力的活动，机长也不得允许其他机组人员从事以下几种活动：

1）机组成员在客舱或者驾驶舱进餐。

2）驾驶舱和客舱机组成员之间进行无关紧要的通话。

3）联系到达站为乘客预定餐食饮料等物品。

4）为中转联程乘客确认衔接的航班。

5）对乘客进行广告宣传广播。

103. 飞机开始下降程序后的安全措施有哪些?

驾驶舱机组在大约 3 000 米高度时打开“系好安全带”指示灯，提示客舱乘务员进入飞行关键阶段，这一阶段直到飞机完全停稳为止。客舱乘务员从这个阶段开始应该停止所有的客舱服务。对于所有安全项目的检查，没有航线长短及飞机大小之分，直到所有检查项目全部落实，并由乘务长确认检查。

客舱乘务员应进行飞机下降的广播并开始安全检查。乘务员客舱安全检查项目包括以下内容：

（1）确认禁止 / 限制使用的便携式电子设备的电源处于关闭状态。

（2）确认乘客安全带系紧扣好。

（3）婴儿摇篮复位锁定，童车固定。

（4）手提行李存放妥当，行李架锁定。

（5）走廊、应急出口无障碍物。

（6）收起小桌板，调直座椅靠背。

（7）乘客座位上无食品、饮料和餐具。

（8）拉开、扣好门帘。

（9）打开遮阳板。

（10）关断厨房不必要的电源。

（11）固定厨房所有物品。

（12）显示器复位。

（13）确认卫生间内无人，关闭卫生间。

（14）调暗客舱灯光。

104. 乘坐飞机时有哪些安全注意事项？

（1）乘机前，严格进行安全检查，严禁携带易燃易爆品和其他管制物品登机，例如刀具、活体动物、有明显异味的物品等。

（2）每次起飞前，观看救生、逃生视频和乘务员演示的救生衣穿法。

（3）遵照空中乘务人员的命令，在飞机起飞、飞行和降落时，禁止使用手机，并确保手机处于关机状态。禁止使用的电子设备还包括对讲机、遥控玩具、计算机、各类音频和视频播放机、电子游戏机等。

（4）严禁在机舱和卫生间内吸烟。

（5）严禁随意触动紧急出口开关等逃生设备。严禁把安全指南和逃生设备带下飞机。

（6）发现可疑人或物，要及时向乘务员报告。

105. 如何预防飞机火灾发生?

（1）飞机在飞行过程中的防火措施如下：

1）飞机在空中飞行时，机上空勤人员和乘客一律禁止吸烟。

2）飞行人员必须严格遵守飞行条例规定，与其他飞机、建筑物等保持足够的距离并按规定的方向避让，严防发生事故。

3）机上的电热器具如电炉、烘箱、电加热器等应严格管理，不用时应立即关闭电源或拔掉插头。

4）严禁飞机在积雨云、浓积云和结冰区域内飞行，以防雷击；加强飞行过程中的安全检查，发现异常情况应冷静果断地采取措施并及时将出现的问题和处置情况向航行管制员报告。

5）在低能见度或出现故障情况下着陆时，飞行人员应通过塔台事先通知消防部门，做好应急救援准备。飞机着陆时，一旦出现起落架故障且无法排除时，可在规定地带进行迫降。迫降前，除留足可供迫降的燃油外，其余燃油应立即倾泻，以减少危险。迫降时，航行管制员应立即通知消防部门赶赴现场，做好灭火准备。

（2）飞机在停机坪时的防火措施如下：

1）飞机在地面时，要控制各种生产生活保障车辆，严防撞机事故发生。除客梯车外，其他车辆与飞机应保持一定的安全距离。电源车、客梯车、装货车、牵引车、清洗车及加油加水车、食品供给车等，必须按次序靠近飞机，并按规定或指定位置停放。各种勤务车辆进入客机坪的行驶速度，最大不得超过每小时 10 千米。

2）严格管理飞行活动区域，严禁人、畜、车辆进入以免发生危险。此区域应消除飞鸟集生的环境条件，附近的建、构筑物应安装灯光标志，以防飞机与飞鸟或建、构筑物撞击发生事故。

3）禁止乘客班机和载人专机装运易燃、易爆、自燃、强氧化、强腐蚀等化学危险品和压缩气体。空勤人员和乘客不准随身携带烟花爆竹和火柴。货物装运时，装运人员不准吸烟。

4）集装箱和零散行李要码放牢固，零散行李与货舱照明灯具应保持不小于 50 厘米的距离。

5）飞机起飞前应严格检查，机坪上的可燃物必须彻底清除。

（3）飞机在进行检修时的防火措施如下：

1）维修燃油箱时，必须在消除燃油箱油气前做好通风、灭火等防范措施。必须拆下飞机上的电瓶，停止发动机工作并挂出标示牌。工作人员应穿棉布质的清洁安全工作服。

2）飞机充氧系统充氧前，充氧人员必须洗净手上的油脂，穿专用充氧服，并预先接好专用地线。充氧时，严禁易燃物与充氧器具接触，同时严禁飞机加油、通电。充氧结束后，应先关充氧车充氧开关，再关飞机充氧开关，缓慢地放出充氧管中的余压。充气现场的地面及周围不得有任何易燃物和火源。

3）进行大面积喷漆、涂装作业时，飞机必须做好静电接地，并在工作区附近或舱门入口的梯子处放置灭火器。

106. 如何扑救飞机火灾？

（1）扑救起落架火灾

1）过热发烟阶段。用雾状水或二氧化碳冷却，但应让机轮和轮胎自然冷却。

2）局部燃烧阶段。尽快在上风向沿机身方向用雾状水掩护疏散人员，用干粉灭火，并用雾状水冷却危险部位。

3）完全着火阶段。大剂量的泡沫与干粉联用扑救，用泡沫冷却机身、机翼。

4）轮轴方向长 180 米、沿轮轴方向左右各大于 40° 的范围为危险区域，消防人员要穿戴好隔热服、隔热头盔，从起落架前方或后方小心接近，渗漏的油品用泡沫覆盖或用干粉灭火。

（2）机翼火灾的扑救

使用泡沫覆盖冷却机身，在上风向通过泡沫、干粉联用冲击火焰，两翼外推阻挡火势，围机灭火，但不得沿机翼线向机身方向喷射泡沫，以免将燃油带入机体内。

（3）扑救飞机发动机火灾

1）切断油路供给，启动自动灭火系统，并用卤代烷和二氧化碳扑灭发动机火灾。

2）禁止站在发动机下和在进气口前 7.5 米、排气口 45 米范围内，用泡沫有效控制周围的火势，并用泡沫和雾状水喷洒覆盖吊舱和其他部位，也可用干粉或二氧化碳扑灭吊舱火。

（4）扑救机身内部火灾

1）用雾状水控制火势，泡沫覆盖或开花水流冷却危险部位。

2）戴空气呼吸器，穿避火服、隔热服，进入舱内，与外部配合，内外夹攻，用干粉或二氧化碳扑灭驾驶舱火，其他部位用喷雾水或泡沫灭火。

3）客舱内没有乘客时，可灌入高、中倍数泡沫封闭灭火。

107. 在哪些情况下飞机需要紧急放油?

紧急放油是航空器在起飞后发生故障须紧急落地，以及在特殊情况下为减少航空器落地的危险而实施的一种抛燃油的行为。飞机空中放油主要有以下几个原因：

（1）由于飞机的最大起飞质量远大于着陆质量，如果在燃油还没消耗的情况下需紧急着陆，这种情况下只能放油。

（2）起落架或发动机故障需迫降，这种情况下机腹、起落架等部位被摩擦、碰撞，擦出的火星会引燃燃料和机油，发生火灾甚至爆炸，所以需要紧急放油。

（3）飞机在飞行中由于飞行状态、发动机工作状态等原因，造成左右机翼油箱不平衡，或是因燃油系统故障，打乱了飞机耗油顺序，致使飞机重心移动超过限定值，出现不平衡过载等情况，也需要放油。

飞机放油时需要注意：放油的地域应选在海洋、山区、荒原、沙漠的上空，不能在城市、机场、森林、近地低空等处的上空放油，通常机场附近都配有放油区以应对出现的紧急情况。放油高度尽可能不低于 3 000 米，使燃油落地前经过雾化、挥发，减小对环境的影响。此外，紧急放油还应避开强静电区域，放油时不得环形飞行或穿越放油带。在放油实施前，必须向该空域的空管报告，以便及时调度该空域内其他航空器避让开放油区域。

第8章 交通与运输职业病预防

108. 什么是职业病?

职业病是指当职业病危害因素作用于人体的强度和时间超过一定的限度时，人体不能代偿其所造成的功能性或器质性病理改变，从而出现相应的临床症状，影响劳动能力，这类疾病统称为职业病。

不论是生产过程中、工作组织中还是生产环境中的有害因素，作用于人体的强度很大且时间很长时，都会使机体内发生一系列的功能、代谢和形态结构的变化，导致机体内各器官、系统之间的平衡关系以及机体与外界环境之间的平衡关系受到破坏，最终使机体对外界环境适应能力降低，出现相应的临床症状和体征，使劳动能力减弱或丧失。

《中华人民共和国职业病防治法》(以下简称《职业病防治法》)中对职业病做出了明确的定义：职业病是指企业、事业单位和个体经济组织等用人单位的劳动者在职业活动中，因接触粉尘、放射性物质和其他有毒、有害因素而引起的疾病。这个定义明确了职业病的病因指的是对从事职业活动的劳动者可能导致职业病的各种职业病危害因素。

109. 交通与运输行业常见的职业相关疾病有哪些?

（1）颈椎病。因为驾驶人员需要长时间集中精神，姿势相对固定，且很难保持正确的坐姿，颈椎承受的压力就会大大增加，时间一长不可避免地会导致颈椎病。最常见的症状就是颈肩不适、疼痛、颈部僵硬、头晕乏力、上肢酸软麻木、心慌多汗。

（2）腰椎疾病。驾驶人员长时间开车时腰部的姿势不良，座位与方向盘的高度不协调，以及腰骶部受到长时间的颠震可导致腰椎疾病。

（3）消化系统疾病。驾驶人员开车时精神高度紧张，极易造成神经系统和内分泌系统功能紊乱。而且驾驶人员饮食很不规律，经常食用快餐甚至不吃饭，有时还会暴饮暴食，带来的后果就是易患消化系统疾病，常见为消化不良、胃部疼痛，严重者会引起胃肠大出血，脂肪肝也是老司机的通病。

（4）手臂振动类疾病。机动车在发动、行驶过程中都在不断地振动，驾驶人员的全身尤其是手脚受到的振动较大，如果长期受到振动影响，会使手部等部位的肌肉痉挛、萎缩，出现手麻、手痛、手胀、手凉等症状，严重的还会引起骨骼、关节的改变。

（5）肩周炎。肩周炎也是驾驶人员中常见的疾病，主要是因为长时间保持一个姿势，肩部活动减少，多见于 40 岁以上的老司机。驾驶人员患肩周炎后由于肩关节疼痛和活动受限，不能灵活、准确地进行驾驶操作，容易发生不安全情况。

（6）噪声性耳聋。机动车发动机运转、汽车喇叭、所载物体的振动等，可产生不同强度的噪声。驾驶人员长期在噪声环境下，易产生听力损伤，且不能完全恢复，导致双侧不可逆性耳聋，即噪声性耳聋。

（7）前列腺炎。前列腺炎，尤其慢性前列腺炎，治疗起来较困难。驾驶人员由于其工作特点，是易患该病的重点人群，且多不能维持按期、正规、连续的综合治疗，故对此病的预防就显得尤为重要。

（8）视力疲劳综合征。驾驶人员在开车时，眼睛时刻都要注视路面的情况。倘若汽车的挡风玻璃质量粗糙，或高低不平、厚薄不一便会直接影响驾驶人员的视力，导致视力疲劳综合征，即在开车过程中，出现头晕、视线模糊、两眼胀痛等症状。

（9）痔疮。驾驶人员通常需要久坐，导致臀部血液流通不顺，容易引发痔疮。另外，饮食不洁也会引起痔疮。在高温天气下，人体局部温度升高，久坐使得静脉回流不畅也是痔疮一个很重要的诱因。

110. 用人单位对职工的职业健康检查负哪些责任?

（1）用人单位不得安排未经上岗前职业健康检查的职工从事接触职业病危害的作业；不得安排有职业禁忌的职工从事其所禁忌的作业；对在职业健康检查中发现有与所从事职业相关的健康损害的职工，应当调离原工作岗位，并妥善处置；对未进行离岗前职业健康检查的职工，不得接触或者终止与其订立的劳动合同。

（2）用人单位应当为职工建立职业健康监护档案，并按照规定的期限妥善保存。职工离开单位时，有权索取本人职业健康监护档案复印件，用人单位应当如实、无偿提供，并在所提供的复印件上签章。

（3）用人单位不得安排未成年人从事接触职业病危害的作业；

不得安排孕期、哺乳期的女职工从事对本人和胎儿、婴儿有危害的作业。

（4）用人单位发生职业病危害事故，应当及时向所在地安全生产监督管理部门和有关部门报告，并采取有效措施，减少或者消除职业病危害因素，防止事故扩大。对遭受职业病危害的职工，及时组织救治，并承担所需费用。

111. 职工上岗前健康检查的内容有哪些?

职工上岗前健康检查是指从事接触职业病危害因素作业的新录用人员（包括转岗到该种作业岗位的人员）以及拟从事有特殊健康要求作业（如电工作业、高处作业、职业机动车驾驶作业等）的人员，在开始从事接触职业病危害因素作业之前进行职业健康检查。上岗前健康检查均为强制性职业健康检查，其目的是发现有无职业禁忌证以及建立接触职业病危害因素人员的基础健康档案。

法律提示

《职业病防治法》规定，用人单位不得安排未经上岗前职业健康检查的劳动者从事接触职业病危害的作业，不得安排有职业禁忌的劳动者从事其所禁忌的作业。

112. 职工在岗期间定期健康检查的内容有哪些?

职工在岗期间应按照所在单位的安排定期进行在岗期间的健

康检查。

在岗期间定期健康检查是指对长期从事接触职业病危害因素作业的职工，在其在岗期间定期地实施职业健康检查。其目的主要是尽早发现职业病患者或疑似职业病患者或职工的其他健康异常改变，及时发现有职业禁忌证的职工，评价作业场所职业病危害因素的控制效果。

在岗期间定期健康检查包括强制性职业健康检查和推荐性职业健康检查，其定期健康检查的周期根据不同职业病危害因素的性质、工作场所职业病危害因素的浓度或强度、目标疾病的潜伏期和防护措施状况等因素决定。

法律提示

《用人单位职业健康监护监督管理办法》规定，用人单位应当根据劳动者所接触的职业病危害因素，定期安排劳动者进行在岗期间的职业健康检查。用人单位应当根据职业健康检查报告，采取下列措施：

（1）对有职业禁忌的劳动者，调离或者暂时脱离原工作岗位。

（2）对健康损害可能与所从事的职业相关的劳动者，进行妥善安置。

（3）对需要复查的劳动者，按照职业健康检查机构要求的时间安排复查和医学观察。

（4）对疑似职业病病人，按照职业健康检查机构的建议安排其进行医学观察或者职业病诊断。

（5）对存在职业病危害的岗位，立即改善劳动条件，完善职业病防护设施，为劳动者配备符合国家标准的职业病危害防护用品。

《职业病防治法》规定，用人单位和医疗卫生机构发现职业病病人或者疑似职业病病人时，应当及时向所在地卫生行政部门报告。确诊为职业病的，用人单位还应当向所在地劳动保障行政部门报告。

113. 职工离岗时健康检查的主要内容是什么？

职工离岗时健康检查是指其在准备调离或脱离所从事的职业病危害的作业或岗位前对其进行全面的健康检查。体检的内容与项目是依据职工所从事的岗位、工种中所存在的职业病危害因素情况而有针对性地选择一些较为敏感的指标，对职工进行检查。其目的是确定其在停止接触职业病危害因素时的健康状况。

法律提示

《用人单位职业健康监护监督管理办法》规定，对准备脱离所从事的职业病危害作业或者岗位的劳动者，用人单位应当在劳动者离岗前 30 日内组织劳动者进行离岗时的职业健康检查。劳动者离岗前 90 日内的在岗期间的职业健康检查可以视为离岗时的职业健康检查。用人单位对未进行离岗时职业健康检查的劳动者，不得解除或者终止与其订立的劳动合同。

《职业病防治法》规定，用人单位对未进行离岗前职业健康检查的劳动者不得解除或者终止与其订立的劳动合同。

114. 腰椎间盘突出如何预防?

腰椎间盘突出症是脊柱外科常见病和多发病，是引起下腰痛和腰腿痛的最常见原因。其主要表现为腰疼、坐骨神经痛、下肢麻木及马尾综合征等症状。驾驶人员、重体力劳动者、举重运动员等，由于腰椎受压过重或长期直立体位，均属于好发人群。

脊柱不正会造成腰椎间盘受力不均匀，是造成腰椎间盘突出的隐伏根源。正确的姿势应该“站如松，坐如钟”，胸部挺起，腰部平直。同一姿势不应保持太久，适当进行原地活动或腰背部活动，可以解除颈部及腰背肌肉疲劳。应加强腰背肌训练，增加脊柱的内在稳定性，长期使用腰围者，尤其需要注意腰背肌锻炼，采用健身操进行动作锻炼，以防止失用性肌肉萎缩带来不良后果。

115. 消化系统疾病如何预防?

（1）规律饮食、细嚼慢咽。要少吃辛辣、刺激及生冷食物。以温、软、淡、素、鲜为宜，做到定时定量，少食多餐。不要狼吞虎咽，进食时不要讨论问题或争吵。

（2）提高维生素的摄入量，多吃含维生素的食物。驾驶人员要加强营养，增强体质。多吃高蛋白、高糖以及新鲜蔬菜、水果等富含维生素的食物。

（3）多喝水。预防便秘就要减少久坐，多吃绿叶蔬菜，增加膳食纤维的摄入量和多喝水。

（4）饭后进行简单运动，促进消化吸收。大量研究发现，运动能促进胃肠道的蠕动，促进消化液的分泌，强化肠胃的吸收消化能力，降低消化系统疾病发生的概率。

116. 振动性疾病如何预防？

（1）采取劳动保护措施，驾驶人员座位应用弹簧、海绵坐垫制成。开车时应戴松软手套，减少手与机器手柄和方向盘的直接接触。

（2）定期对车辆检修、维护，及时排除故障，对汽车的减振器要保养好，使其始终处于良好的工况下，减少车辆的振动。

（3）当道路凹凸不平时，应减速行驶，以减少全身振动。

（4）驾驶车辆时操作应平顺、柔和，减少粗暴动作，并正确选择路面行驶。

（5）正确选用轮胎花纹。

（6）驾驶人员要加强营养，增强身体免疫力，定期进行体检，发现病症及时治疗。

117. 肩周炎如何预防？

（1）纠正不良驾驶姿势，避免颈椎长时间保持在一个固定的姿势，一般 1 个小时左右应改变一下姿势或做一些简单的颈部活动。同时，还要避免半躺半坐姿势。

（2）避免颈部受冷，包括出汗、淋雨、直接受风受寒等。

（3）选择正确的睡觉姿势和合适的枕头，一般枕头的高度应略高于自己的肩部，枕头的质地应柔软且富有弹性。仰睡时，枕头宜尽量垫于项（颈后部）下；侧睡时，避免将枕头压于肩下。切忌睡觉时使用质地坚硬的枕头。

（4）加强自我锻炼，经常做颈椎保健操：颈椎前屈、后伸、左右侧屈、左右旋转，共六个角度，每个角度单独活动到最大范围，各做 3~6 次。每天可重复多次。切忌进行过快、过猛的头部环形摇动。

118. 噪声性耳聋如何预防?

（1）控制噪声来源。一方面，定期检查车辆运行状态，添加机油、润滑油，装备消声器，从源头上减少噪声的产生。另一方面，在驾驶室内采取隔声降噪措施，使噪声减小到国家规定的防护标准（85 ~ 90 分贝）以内。

（2）减少接触时间。如工作一段时间后在隔声室里休息一会儿，或减少每日、每周接触噪声的时间，还可根据实际情况轮换工种，也可以降低听力损害。

（3）选择合适的劳动防护用品，戴用耳塞、耳罩、隔声帽等防声器材。一般在 80 分贝噪声环境长期工作即应配用简便耳塞；90 分贝以上时，必须使用防护工具。简便者可用棉花塞紧外耳道口，再涂抹凡士林，其隔声值可达 30 分贝。

（4）就业前检查听力，患有感音神经性耳聋和噪声敏感者，应避免在强噪声环境工作。对接触噪声者，应定期检查听力，及时发现早期的听力损伤，并给予妥善处理。

119. 前列腺炎如何预防?

（1）不要故意憋尿。故意憋尿会造成后尿道内压力增高，后尿道压力增高就增加了尿液向前列腺内反流的机会。尿液的反流会对腺小管产生化学性刺激或导致尿液内微生物的侵袭而引起前列腺炎，或使前列腺炎加重。

（2）禁食辛辣食物。辛辣食物，特别是酒精、辣椒之类的食物对前列腺的刺激明显，会导致其充血加重，使症状减轻的患者症状再度加重，也可以使原本症状完全缓解的患者再次复发。

（3）避免长时间驾车，如持续驾车 1 小时左右，应下车适当运动，活动腰髋，伸展四肢；长途驾驶可轮班操作，驾驶人员交替休息。

（4）注意个人及驾驶室卫生，勤洗澡，减少细菌侵袭的机会。发现身上有感染时应尽快治疗。

（5）注意生活规律，坚持锻炼身体。体育锻炼能改善神经系统调节功能，提高抗病能力，调节人体紧张情绪，消除抑郁和焦虑，改善生理和心理状态，从而有益于改善慢性前列腺炎患者的神经精神系统症状。

120. 视力疲劳综合征如何预防?

（1）挡风玻璃质量差是造成视力疲劳综合征的主因，因此，要选用质量上乘的挡风玻璃。此外，长途行车时要强调适当休息，防止视力过度疲劳。

（2）在中途停车休息时，应利用短暂时间，将身体直立，放松眼球，极目平视远处，以缓解眼部疲劳。

（3）在正面阳光太刺眼时，除了使用遮阳板，还可戴上专用的太阳镜来保护眼睛，但要注意不宜长时间戴太阳镜。

（4）平时多吃海鱼，可以减少干眼症的发生。

（5）除在行驶中需集中精力用眼外，平时看电视、看书等，都要严格限定次数和时间，不可过长、过频繁。

（6）适当运转眼球，锻炼眼球的活力，以达到舒筋活络、改善视力功能的目的，使眼球更加灵活、敏锐。

121. 痔疮如何预防?

（1）合理饮食。保持生活规律，调理好饮食是预防痔疮的重要措施。在日常饮食中应保持摄入一定数量的纤维食品。多吃富含纤维素的食物，如麦麸、米糠、鲜豆荚、嫩玉米、花生、菠菜、蒜苗、马铃薯、南瓜、胡萝卜、地瓜、海带等，宜经常食用。

（2）建立良好的排便习惯。这是预防痔疮发生和发展的主要措施。最好在每天清晨起床后或早餐后，利用“起立反射”及“胃结肠反射”引起排便，会使排便更加容易。

（3）适当节制辛辣刺激食物或调味品，如酒、辣椒、芥末、咖喱等。大量摄入这些食物后会抑制肠蠕动，导致大便干燥，并且直接刺激肠管，使之处于收缩状态，诱发痔疮脱出、栓塞和嵌塞。

（4）适当进行体育锻炼。运动可以促进身体的血液循环，促进肠胃的蠕动，预防痔疮的产生。

（5）保证肛门附近卫生。平时要多注意肛门附近的卫生，避免诱发或加重痔疮，平时可以热敷肛门，促进血液的循环，同时还要注意勤换洗内裤，以免细菌滋生。

第9章 交通与运输事故的应急处置

122. 车祸受伤后的简便自救方法有哪些?

事故的发生往往是比较突然的，驾驶人员平时可在车上备一些急救物品以防不时之需，如木板、绷带以及清洁的毛巾等。发生车祸受伤时，在没有专业救护人员在场的情况下，可采用以下方法自救：

（1）在车祸中，撞击是驾驶人员最易受到的伤害。被方向盘撞到胸部后，如果伤者感觉到剧痛和呼吸困难，可能是肋骨发生骨折并刺伤肺部。此时伤者千万不要贸然移动身体，避免碎骨对内脏造成新的伤害。如果手臂仍可以移动且能接触到手机，可打急救电话求救，或者呼喊请求别人帮助。

（2）大多数小客车的方向盘比较靠下，发生撞击时，肝脏和脾脏等器官也易受到侵害。假如肝、脾破裂，发生大出血时会有腹痛出现。此时最好不要随意活动，以免加重出血。如果发现车辆有起火等隐患，则要缓慢地离开车辆并转移到安全地带，等待救护人员到来。

（3）撞击或其他原因可能会使驾驶人员胸部受外伤，如果发现胸部外伤出血时，要用毛巾或其他替代品暂时包扎，以免失血过多。

（4）如果感觉肢体疼痛、肿胀、畸形，则可能是骨折。骨折后伤者不宜乱动，以避免血管和神经在搬动时受到伤害，而应尽快对伤肢进行简易固定。如果请别人帮助固定伤肢，最好用木板或较直且有一定硬度的树枝。

（5）如果感觉颈椎或腰椎受到了冲击，不恰当的搬动可能会

造成二次伤害而形成永久性的损伤甚至瘫痪。因此，在自己没把握的情况下不要乱动，在原地等待救护人员来救助处理。

123. 汽车掉进水里如何自救？

汽车掉入水中不会立即下沉，可把握下沉前的一分半钟从车门或车窗及时逃生。即使汽车沉下水底，也有办法逃生，因为车厢注水最长需半小时，视车窗是否打开、车身是否密封及水深程度而定。汽车下沉越深，水压越大，注水也就越快。汽车落水后要注意以下几点：

（1）一旦落水，不能惊慌失措，应双手抓紧扶手或椅背，让身体后仰，紧贴靠背，随着车体翻滚。避免汽车在翻滚入水之前，车内人员被撞击昏迷，以致入水后无法自救。

（2）坠落过程中，应紧闭嘴唇，咬紧牙齿，以防咬伤舌头。汽车是有一定闭水性能的，汽车入水后，不要急于打开车窗和车门，而应该关闭车门和所有车窗，阻止水涌进。如有时间，打开前灯和车厢照明灯，既能看清四周，也利于救援人员搜索。抓紧时间关上车窗和通风管道，以保留车厢内的空气。

（3）下沉过程中，车身孔隙会不断进水，到内外压力相等时，车厢内水位不再上升。这段时间要保持镇定，耐心等待。内外压力不等时，强行打开车门反而会导致恐慌，减少逃生机会。

（4）当水位不再上升时，做一个深呼吸，然后打开车门或从车窗跳出。假如车门打不开，可用修车工具或在手上缠上衣服后打碎车窗玻璃（敲击点放在玻璃四角处）。

（5）假如车里不止一人，应手牵着手一起出来，要确定没有人留在车内。

124. 汽车撞车时如何应急自救?

（1）如果撞车已不可避免，驾驶人员应保持冷静，掌握好方向盘，尽可能将自己及他人的损失降至最低限度。为了减速，可以冲向能够起阻挡作用的障碍物。没系安全带最好不要试图直接去对抗冲撞，在撞上冲撞点的瞬间应尽可能远离方向盘，双臂夹胸、手抱头。

（2）经验证明，副驾驶位是最危险的座位，如果坐在该位置的话，首先要抱住头部躺在座位上，或者双手握拳，用手腕护住前额，同时屈身抬膝护住腹部和胸部。

（3）坐在后排的乘客在即将发生撞车时，应迅速向前伸出一只脚，顶在前面座椅的背面，并在胸前屈肘，双手张开，保护头面部，背部后挺，靠在座椅上。

（4）相撞时切忌喊叫，应该紧闭嘴唇，咬紧牙齿，以免相撞时咬坏舌头。

（5）汽车相撞发生火灾的可能性极大，所以撞击一旦停止，所有人要尽快设法离开汽车。

125. 汽车发生爆胎时如何应急处置?

在行驶中车辆出现爆胎时，会感到车辆向一侧下沉，同时出现剧烈的爆破声或漏气声。如果遇到汽车在行驶中爆胎，不及时采取紧急措施或处置方法不当，很容易发生事故，造成车辆损坏或人员伤亡。因此，遇有紧急情况时，切不可惊慌失措，必须根据故障情况果断采取正确的措施，以避免事故的发生，保障他人和自身的安全。

（1）汽车在行驶中若是前轮爆胎，由于行驶中的惯性力，会产生一股强大的力量，使车立即倾向爆胎的那一边，这时要紧紧地抓住方向盘，并慢慢地踩下制动踏板，控制车速，使汽车尽快停下来。注意：切不可紧急制动，以免造成翻车或汽车原地掉头等严重事故。

（2）当车速下降后，打开转向灯或双闪灯（危险警告指示灯），并用手示意表明自己要退出公路，尽快离开车道，把汽车停在较宽敞的路边。

（3）汽车驶离公路时，应注意与后边车辆的距离不要太近，以保障安全。假如无法将汽车驶离车道（如在高速公路上），就要将车慢慢地开到一个安全、能换胎的地方。

（4）完成上述操作后，要打开危险信号灯并放置警示牌。为了防止车辆滑溜，把变速杆调至停车挡或降至一挡，在与爆裂轮胎相对的轮胎前、后放置一个三角木或石块，拉紧手制动器。注意不要在坡道上更换轮胎。

126. 汽车制动失灵时如何应急处置?

（1）汽车在平坦路面行驶，行车制动器突然失灵时，应握稳方向盘，迅速使用驻车制动器减速，同时采用快速减挡方法把挡位换入低挡，使车辆停靠在路边，检查排除故障。

（2）在城市交通繁忙路段制动失灵时，应沉着、果断地将挡位减至低挡（“抢挡”），迅速拉紧驻车制动器，并视危急情况将方向盘转到损失小的一侧停稳，以便将损失减小到最低限度。

（3）在下坡道制动突然失灵时，应首先采用“抢挡”的方法迅速把汽车挡位换至低挡，以利用发动机怠速减速。当车速降至约每小时 20 千米时，可拉紧驻车制动器将车停稳并检查排除故障。

（4）若因山路下坡坡度大、车速快，用上述方法难以将车停止时，驾驶人员应果断地利用天然障碍物给车辆造成下坡阻力，以消耗汽车下坡形成的惯性力。例如，使车厢的一侧向山体（或路边绿化带、护栏）靠拢刮擦，以便使车辆迅速减速停车。还可利用前面的车辆帮你停车，在距离许可的条件下靠近它，使用警示灯、按喇叭、闪亮前灯等手段，使前车的驾驶人员接收到你的求助信号。

127. 遭遇地铁撞车时如何应急处置?

（1）远离车门，待在车厢里，必要时可以趴下。

（2）抓住牢固的物体，以防被抛出车厢。

（3）低下头，下巴紧贴胸前，胸部紧靠膝盖，双手置于头顶，手掌重叠在一起，前臂贴在脸颊上。在碰撞时，这样的姿势能让自己尽量减少伤害。

（4）如果座位不靠窗，可保持不动；若接近门窗，则应尽快向车厢里转。

（5）为地铁提供动力的接触轨道携带高压电，平行安装在两条铁轨旁边或者站台侧面（大部分靠近站台一侧）。不要贸然跳车，以防触电。

（6）列车停下来后，不要贸然在原地停留观察，因为有可能发生车厢起火、爆炸等二次事故，应听从列车员指挥进行疏散和撤离。

（7）疏散的过程中，一定要听从指挥，有序撤离。由于地铁客流量大，盲目奔跑有诱发踩踏事故的风险。

128. 船舶发生严重事故后，如何正确从船上跳水求生?

船舶发生严重事故需要弃船逃生时，如果情况允许，应直接

登上救生艇、筏，以免跳入水后，身体快速失温等。如无法直接登上救生艇、筏，跳水时应注意以下几点：

（1）掌握正确的跳水姿势

1）穿好救生衣。

2）深吸气后右手将鼻和口捂紧。

3）左手紧握右上臂。

4）双脚并拢，身体保持垂直，两眼向前平视。

5）入水时保持脚在下，头在上，两腿伸直夹紧，双手不能松开，直至重新浮于水面才能放松。

（2）选择最佳的跳水位置

1）跳水高度最好不超过 5 米。

2）从上风舷的艏部或艉部跳水，远离破损缺口。大船倾斜时，选低舷一侧。

3）避开水面一切的障碍物及其他溺水者。

4）如从救生绳索下水，应双手交替紧握绳索向下移动，不可滑下。

5）不要直接自高处跳入艇内或筏顶上。

6）入水后应尽快登上救生艇、筏，尽量减少水中浸泡时间。

129. 船舶发生事故后，如何正确抛投和使用救生圈？

将救生索系在栏杆上，两手同时抛投救生圈。抛在落水人员的下流方向或上风向，注意不要打到溺水者身上。

在水中使用救生圈的方法：一手压救生圈的一边使其竖起，

另外一只手把住救生圈的另一边，并把它套进脖子，然后再置于腋下；或者先用两手压住救生圈的一边，使救生圈竖立起来，手和头乘势套进圈内使救生圈夹在两腋下面。

130. 飞机发生事故时的应急处置措施有哪些?

（1）飞机发生颠簸时

此时乘客应立即系好安全带。遇到紧急情况时，还应双手用力抓住前排座椅，身体紧紧贴在椅子上，尽量弯下身体、低下头，防止摔伤。

飞机在遭遇强气流或发生机械故障以及其他问题时，在正常巡航状态下有时也会发生颠簸，甚至会发生高度急剧下降等异常情况，此时乘客一定要系好安全带，保持镇定，关上小桌板，抱住前排座位。

（2）缺氧时

高空飞行飞机要对座舱增压。如果飞机座舱失压，就会造成缺氧，乘客会因此而头晕甚至失去知觉，危及生命安全。

氧气面罩是为乘客提供氧气的应急救生装置。在飞机座舱发生失密时，氧气面罩自动从舱顶掉落，乘客应该戴上氧气面罩，在飞机下降到可以呼吸的安全高度时才能将其摘下。每个航班上都准备了足够的氧气面罩，即每位乘客都有配备，而且每排座位还会多配装一副备用面罩，以防意外。

（3）失火时

如果机舱内失火，可用二氧化碳灭火器和干粉灭火器（驾驶舱禁用）灭火；非电器和非油类失火，应用清水灭火器。舱内出现烟雾时，一定要把头弯到尽可能低的位置，先屏住呼吸，然后用饮料浇湿毛巾或手帕捂住口鼻后再呼吸，防止吸入一氧化碳等有毒气体，弯腰或爬行到出口处。

（4）迫降时

飞机在空中发生故障不得不迫降时，一般尽可能在海上进行，在迫不得已的情况下，飞机也会在撒满消防剂的跑道上迫降。飞机紧急着陆或者迫降时，乘客应保持正确的姿势：弯腰，双手抱膝，头放在膝盖上，两脚前伸紧贴地板。当在海上迫降时，乘客要穿上救生衣。

131. 飞机发生故障后，如何正确保持防冲撞姿势?

防冲撞姿势是当飞机紧急迫降于陆地和水上时，乘客被建议采取的一种姿势，这种姿势可以减少撞击带来的伤害。

（1）成人乘客

1）两腿分开，两脚用力蹬地，双臂交叉，两手抓住前面的座椅靠背，额头放在双臂之上。

2）无法抓住前面的座椅靠背或前面没有座椅，可以弯下腰，双手抓住脚踝，如果抓不到脚踝撑住双膝，就把头埋在双膝之中。

（2）怀抱婴儿的乘客

1）将婴儿斜抱在怀里，坐在靠过道的乘客，婴儿头部不能朝向过道方向，婴儿面部朝上，乘客弯腰俯身双脚用力蹬地。

2）乘客或者一手抱紧婴儿，一手抓住前面的椅背，低下头，双脚用力蹬地。

（3）特殊乘客

特殊乘客，如身体肥胖者、孕妇、高血压患者、身体高大者，要双手抓紧座椅扶手，或双手抱头，同时收紧下颚，低下头，两腿分开用力蹬地。

（4）双脚不能着地的儿童

双脚不能着地的儿童要将双手压在大腿下，手心向上，收紧下颚，低下头，弯下腰。

（5）乘务员防冲撞姿势

1）背向飞机头的乘务员座位。系好安全带，双手抓住座椅或者双手手心向上放在大腿下，收紧下颚，头靠紧头枕，两脚分开用力蹬地。

2）面向飞机头的乘务员座位。系好安全带，双手抓住座椅或双手手心向上压在大腿下，收紧下颚，头低下，两脚分开用力蹬地。

3）当肩带自动锁紧装置失效时。俯下身，头低下放在两膝之间，两手抓住脚踝，两脚分开用力蹬地。

注意：乘务员在客舱进行防冲撞姿势演示时，需要在明显的位置演示，如站在座椅上或坐在座椅背上；对于特殊乘客应进行单独的指导。

132. 飞机发生故障后，如何正确采用跳滑梯姿势?

滑梯充气后并没有那么柔软，人的手部、脸部很容易与滑梯表面产生摩擦而受伤，因此，撤离时，必须采用正确的姿势。

（1）正常人从滑梯撤离，应双臂平举，轻握拳头，或双手交叉抱臂，从舱内跳出落在梯内时手臂的位置不变。双腿及后脚跟紧贴梯面，收腹弯腰直到滑到梯底，站立跑开。

（2）抱小孩的乘客，把孩子抱在怀中，坐着滑下飞机。儿童、老人和孕妇也应坐着滑下飞机，但在梯面的姿势与正常人相同。

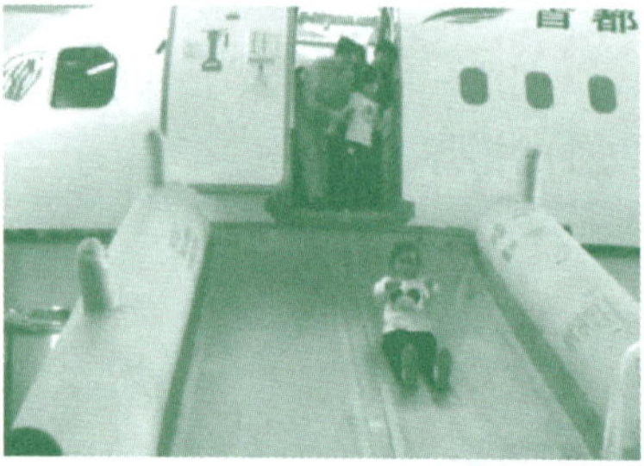

133. 如何对溺水者正确施救?

（1）水中救护

1）施救者要充分做好自我保护，自我评估认为有能力可以救人时，可以跳入水中将溺水者救出；如果没有能力，绝对不能贸然跳入水中。

2）跳入水中后要迅速接近溺水者，从其后面靠近，不要被慌乱挣扎中的溺水者抓住以免两人同时沉入水中。

3）接近溺水者后要从后面双手托住溺水者的头部，两人均采用仰泳姿势，以便于呼吸，将其带至安全处。

4）将溺水者救出水中后，有必要时可以进行口对口人工呼吸，并高声呼救，寻求帮助，及时拨打急救电话。

（2）岸上救护

1）救上岸后，要将溺水者头偏向一侧，清除口、鼻腔中的泥沙、污物，打开气道，保持呼吸道畅通，并检查脉搏、呼吸是否正常。

2）对海水淹溺者，应将溺水者俯卧，腹部垫高，头部下垂，并以手压其背部；或者抱住溺水者的两腿，腹部放在施救者的肩部快步走动，使积水倒出。如果控水效果不佳，不要为此而耽误时间，应在稍加控水后立即检查呼吸、脉搏。

3）如果遇到呼吸停止、意识丧失者，应迅速打开气道，口对口吹气 2 次，胸部若无起伏，按昏迷气道梗死的方法救治。具体方法如下：

①将伤者置于仰卧位，施救者骑跨在伤者髋部两侧。

②一只手的掌根置于伤者腹部正中线、脐上方两横指处，不要触及剑突。另一只手直接放在第一只手背上，两手掌根重叠。

③两手合力快速向内、向上有节奏地冲击伤者的腹部，连续 5 次，重复操作若干次。

④检查口腔，如异物被冲出，迅速用手将异物取出。

4）如呼吸、心搏骤停，立即进行心肺复苏。

5）不要轻易放弃抢救，特别是低体温情况下，应抢救更长时间。

6）如果现场救护有效，伤者恢复心跳、呼吸后，可以用干毛巾从四肢、躯干向心脏方向擦拭伤者全身，以促进血液循环。

134. 如何做口对口人工呼吸？

（1）将伤者置于仰卧位，施救者站在伤者右侧，将伤者颈部伸直，右手向上托伤者的下颌，使伤者的头部后仰。这样，伤者的气管能充分伸直，有利于人工呼吸。

（2）清理伤者口腔，包括痰液、呕吐物及异物等。

（3）用身边现有的清洁布质材料，如手绢、小毛巾等盖在伤者嘴上，防止传染病。

（4）左手捏住伤者鼻孔（防止漏气），右手轻压伤者下颌，把口腔打开。

（5）施救者自己先深吸一口气，用自己的口唇把伤者的口唇包住，向伤者嘴里吹气。吹气要均匀且持久（像平时长出一口气一样），但不要用力过猛。吹气的同时用眼角观察伤者的胸部，如看到伤者的胸部膨起，表明气体吹进了伤者的肺脏，吹气的力度合适。如果看不到伤者胸部膨起，说明吹气力度不够，应适当加强。吹气后待伤者膨起的胸部自然回落后，再深吸一口气重复吹气，反复进行。

（6）对一岁以下婴儿进行抢救时，施救者要用自己的嘴把孩子的嘴和鼻子全部都包住进行人工呼吸。对婴幼儿和儿童施救时，吹气力度要减小。

（7）每分钟吹气 10~12 次。

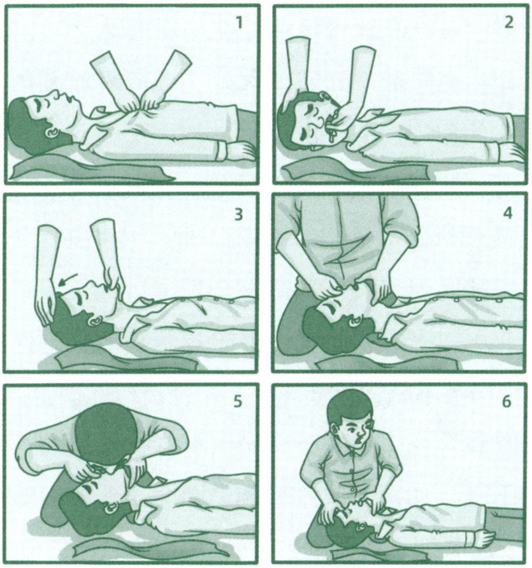

135. 骨折固定应注意哪些事项?

（1）在处理开放性骨折时，局部要做清洁消毒处理，用纱布将伤口包好，严禁把暴露在伤口外的骨折断端送回伤口内，以免造成伤口污染和再度刺伤血管与神经。

（2）对于大腿、小腿、脊椎骨折的伤者，一般应就地固定，不要随便移动伤者，不要盲目复位，以免加重损伤程度。如上肢受伤，可将伤肢固定于躯干；如下肢受伤，可将伤肢固定于另一健肢。

（3）骨折固定所用的夹板长度与宽度要与骨折肢体相称，其长度一般以超过骨折处上下两个关节为宜。

（4）固定用的夹板不应直接接触皮肤。在固定时可将纱布、三角巾、毛巾、衣物等软材料垫在夹板和肢体之间，特别是夹板两端、关节骨头突起部位和间隙部位，可适当加厚垫，以免引起皮肤磨损或局部组织压迫坏死。

（5）固定、捆绑的松紧度要适宜，过松达不到固定的目的，过紧影响血液循环，导致肢体坏死。固定四肢时，要将指（趾）端露出，以便随时观察肢体血液循环情况。如果出现指（趾）苍白、发冷、麻木、疼痛、肿胀、甲床青紫等症状，说明固定、捆绑过紧，血液循环不畅，应立即松开，重新包扎固定。

（6）对四肢骨折固定时，应先捆绑骨折端处的上端，后捆绑骨折端处的下端。如捆绑次序颠倒，则会导致再度错位。上肢固定时，肢体要屈着绑（屈肘状）；下肢固定时，肢体要伸直绑。

（7）要注意伤口和全身状况。如伤口出血，应先止血，再包扎固定；如出现休克或呼吸、心搏骤停时，应立即进行抢救。

136. 常用的止血法有哪几种?

（1）一般止血法。针对小的创口出血，需用生理盐水冲洗后再消毒患部，然后覆盖多层消毒纱布用绷带扎紧包扎。

（2）填塞止血法。将消毒的纱布、棉垫、急救包填塞、压迫在创口内，外用绷带、三角巾包扎，松紧度以达到止血为宜。

（3）绞紧止血法。把三角巾折成带形，打一个活结，取一根小棒穿在带子外侧绞紧，将绞紧后的小棒插在活结小圈内固定。

（4）加垫屈肢止血法。加垫屈肢止血法是适用于四肢非骨折性创伤的动脉出血的临时止血措施。当前臂或小腿出血时，可于肘窝或腘窝内放纱布、棉花、毛巾作垫，屈曲关节，用绷带将肢体紧紧地缚于屈曲的位置。

（5）指压止血法。指压止血法是动脉出血时处理速度最快的一种临时止血法，用手指或手掌在伤部上端用力将动脉压瘪于骨骼上，阻断血液通过，以便立即止住出血，但仅限于身体较表浅部位的易于压迫的动脉。

（6）止血带止血法。止血带止血法主要是通过橡皮管或胶管止血带将血管压瘪而达到止血的目的。左手拿橡皮带距尾端约 16 厘米处；右手拉紧环体扎，前头交左手，中食两指夹住后，顺着肢体往下拉，前头环中插，保证不松垮。如遇到四肢大出血，需要止血带止血，而现场又无橡胶止血带时，可在现场就地取材，如布止血带、线绳或麻绳等。

137. 常用的绷带包扎法有哪些?

（1）环形法。将绷带做环形重叠缠绕。第一圈做稍斜缠绕，第二、第三圈做环形缠绕，并将第一圈斜出的一角压于环形圈内，最后用橡皮膏将带尾固定，也可将带尾剪开两头打结。此法是各种绷带包扎中最基本的方法，多用于手腕、肢体等部位。

（2）蛇形法。先将绷带按环形法缠绕数圈，再按绷带的宽度做间隔斜形上缠或下缠。

（3）螺旋形法。先按环形法缠绕数圈，之后的上缠每圈都盖住前圈的 1/3 或 2/3 做螺旋形缠绕。

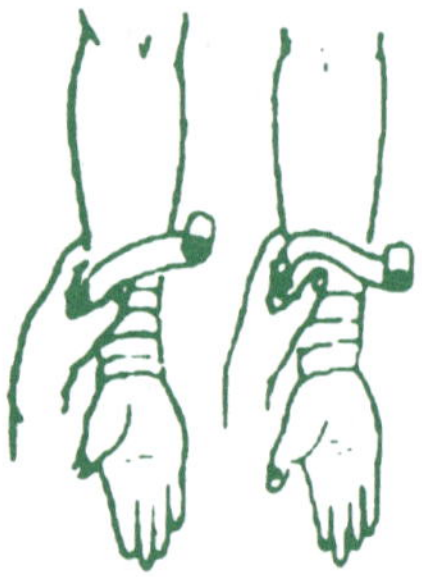

（4）螺旋反折法。先按环形法缠绕数圈，再做螺旋形法缠绕，等缠到渐粗处，将每圈绷带反折，盖住前圈的 1/3 或 2/3，依次由上而下地缠绕。

（5）“8”字形法。在关节弯曲的上方、下方，先将绷带由下而上缠绕，再由上而下成“8”字形来回缠绕。

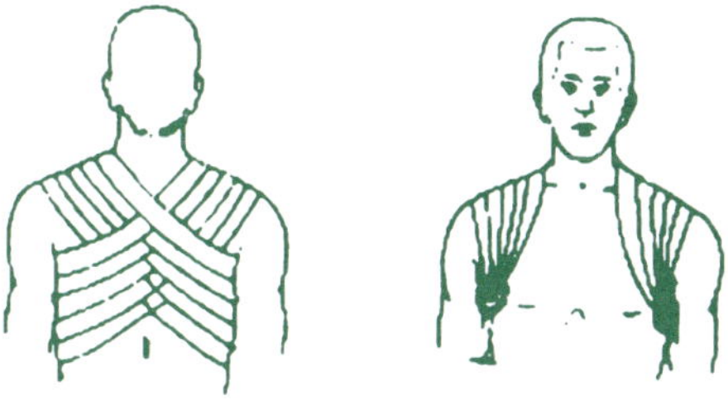